Michael Brandtner

Brandtner
on Branding

Michael Brandtner

Brandtner on
BRANDING

Entdecken Sie die 11 Naturgesetze
der Markenführung
und ihre strategischen Konsequenzen

Mit einem Vorwort von Al Ries
Autor von POSITIONING, FOCUS und THE ORIGIN OF BRANDS

Gewidmet dem besten Mentor,
Partner und Freund,
den man sich nur wünschen kann:

Al Ries

Impressum:

Herausgeber: Michael Brandtner, Focusing-Consultant, Associate of Ries & Ries, Grabenstraße 45, 4150 Rohrbach/Austria www.michaelbrandtner.com

Verleger: Verlag Styria Printshop Druck GmbH

ISBN: 3-901921-30-3

© 2006 by Michael Brandtner

Gedruckt in Österreich.

Gesamtherstellung: Styria Printshop Druck GmbH, 8101 Gratkorn

Inhaltsverzeichnis

Foreword by Al Ries

Major marketing decisions are usually made by senior executives with decades of experience. That's why most of their marketing decisions are wrong. They know everything but (too often) understand nothing.

If you study corporate history, you will find that most companies start off with burst of energy that puts them into orbit. Once there they tend to coast for decades, moving up and down like a buoy on an anchor.

Take Microsoft, for example. It took the company only 25 years to become one of the most valuable companies in the world. But in the last five years they have coasted. (At the end of fiscal 2000, Microsoft stock was $ 40 a share. At the end of fiscal 2005, the stock was less than $ 25 a share.)

Microsoft is a microcosm for the corporate world. Young entrepreneurs with an idea start a company that becomes enormously successful. Then the job of managing the company falls to senior executives with decades of experience. And a former shooting star turns into a red giant.

The two young entrepreneurs who started Microsoft were Bill Gates (19 years old at the time) and Paul Allen (22 years old). The company they founded is now worth $ 263 billion on the stock market. (It used to be worth a lot more.)

Many of the recent successful startups follow a similar pattern. Young entrepreneurs with ideas start companies that turn into big winners. The companies aren't usually successful because they invented something. They are usual-

9

ly successful because they were based on brilliant marketing ideas.

Michael Dell didn't invent anything. Yet at the age of 19 he started a company in his dorm room at the University of Texas with a marketing idea. Sell personal computers direct at low prices rather than through retail stores which add an additional markup.

This simple idea was the basis for Dell Computer, a company now worth $ 77 billion on the stock market, considerably more than DaimlerChrysler which today is worth only $ 51 billion.

(DaimlerChrysler had the benefit of two founders who did invent something. Karl Benz invented the automobile in 1885 (a three-wheeler), followed by Gottlieb Daimler, who introduced a four-wheeler in 1886. Later their companies merged to form Daimler-Benz AG.)

Steve Jobs was 21 years old and Steve Wozniak was 26 years old when they started Apple Computer, a company now worth $42 billion on the stock market.

Sergey Brin was 25 years old and Larry Page was 26 years old when they started Google, a company now worth $ 87 billion on the stock market.

Jerry Yang was 26 years old and David Filo was 27 years old when they started Yahoo!, a company now worth $ 48 billion on the stock market.

Steve Case was also 26 years old when he started the company that became America Online. At the time of its acquisition of Time Warner, AOL was worth about $ 190 billion on the stock market.

Jeff Bezos was 31 years old when he started Amazon.com, a company now worth $ 18 billion on the stock market.

In 1972, five former IBM employees, Dietmar Hopp (32 years old), Hans-Werner Hector (32 years old), Hasso Plattner (28 years old), Klaus Tschira (32 years old), and Claus Wellenreuther launched a company called SAP Systems Analysis and Program Development in Mannheim, Germany. Today their company is worth $ 53 billion on the stock market. (Also more than DaimlerChrysler.)

Why have such a high percentage of the world's most successful companies been started by young people?

Youth has advantages. To be successful as an entrepreneur you need to be an independent thinker. You need to be internally motivated to go against the grain of conventional thinking.

That's extraordinarily difficult. Most people go with the crowd. Their opinions about products, services, even life itself, is shaped by those around them. To break the mold, to break out of the crowd, takes a steel discipline. To hold an opinion that differs from the majority can be painful at times.

The younger you are, the easier it is to break out of the crowd. Young people are motivated to look for ways to rebel against their elders.

To change your mind about anything at the age of 50 is something that's enormously difficult. As a marketing consultant, I usually know in advance what a senior executive with decades of experience will think about an idea or concept we present. He or she will have exactly the same opinion as all other senior executives with decades of experience.

Conventional wisdom is alive and well in the corporate boardrooms of the world.

Being a brilliant marketing person requires exactly the same kind of thinking as being a brilliant entrepreneur. You have to break the mold; you have to go against the grain of conventional wisdom. You have to be an independent thinker.

Every brilliant marketing person I know started young. If they weren't good marketing thinkers in their twenties; they were unlikely to be good marketing thinkers in their fifties. Age doesn't open minds. It often hardens them. Experience doesn't help unless you have the innate ability to let experience soak into your mind and change some deeply-held opinions.

The truth is, I know only a handful of brilliant marketing people and they all started young. Furthermore, most of them are not famous. You don't get famous by being brilliant. You get famous by becoming a celebrity. And how do you become a celebrity? By generating publicity in the business media.

And how do you get publicity in the business media? Usually by wrapping conventional wisdom in new and different packages. The media doesn't want to expose their audiences to revolutionary new marketing ideas. They want to recycle conventional wisdom.

Exposing their audiences to revolutionary new marketing ideas would require editors to change their minds, always a difficult thing to do. Especially for editors who consider their publications to be „the bible" of their particular profession or industry.

Of the handful of brilliant marketing people I know, one is my daughter and partner Laura who is now 34 years old. Another is Michael Brandtner who is now 38 years old and has been a marketing consultant for 10 years. (He is still younger than most of the senior executives at the companies he works with.)

Michael Brandtner is an independent thinker. He remains unswayed by conventional wisdom. His insights are remarkable for their simplicity and elegance.

This book is a summary of some of those remarkable insights.

Read it. Maybe you too can become an independent thinker.

Al Ries
Chairman of Ries & Ries
Atlanta, Georgia

Al Ries ist Chairman von Ries & Ries, einer renommierten Marketingberatung, die er gemeinsam mit seiner Tochter Laura gründete, und Autor von 11 Marketingbüchern, darunter Positioning: The Battle for Your Mind, Marketing Warfare, The 22 Immutable Laws of Marketing, Focus, The 22 Immutable Laws of Branding, The Fall of Advertising and The Rise of PR oder The Origin of Brands.

Einleitung
oder „die Dynamik der Märkte"

Kann man die langfristige Entwicklung von Märkten vorhersagen? Diese Frage beschäftigt seit jeher Top-Manager, Unternehmer, Marken- und Marketingverantwortliche sowie Markt- und Trendforscher. Unsere Antwort darauf lautet: ja und nein!

Zuerst zum „Nein": Niemand kann wirklich die genaue zukünftige Entwicklung vorhersagen, denn dazu müsste man wissen, was sich in den Köpfen der derzeitigen und potentiellen Marktteilnehmer abspielt. So konnte niemand im Markt für Sport- und Erfrischungsgetränke den Energydrink vorhersehen, außer er hätte gewusst, was sich im Kopf von Dietrich Mateschitz abgespielt hätte.

Nun zum „Ja": Wenn man Märkte aber langfristig beobachtet, wenn man sich nicht von kurzfristigen Moden und Wellen ablenken lässt, stößt man zwangsläufig auf zwei Kräfte, die jeden Markt beeinflussen, nämlich die Urkraft der Evolution und die Urkraft der Divergenz. Es handelt sich dabei um exakt dieselben Kräfte, die auch den Überlebenskampf in der Natur beeinflussen.

Um besser zu verstehen, worum es wirklich geht, sollten wir uns daher in das Jahr 1859 begeben. Denn in diesem Jahr revolutionierte Charles Darwin mit seinem Buch „The Origin of Species" für immer die Welt der Biologie, indem er als Erster diese beiden Kräfte im Überlebenskampf der Natur identifizierte, nämlich Evolution (Weiterentwicklung) und Divergenz (Abweichung).

Die zwei treibenden Kräfte in der Natur

In der Natur sorgt Evolution i. e. S. von Weiterentwicklung dafür, dass eine Art im täglichen Überlebenskampf immer besser wird. Divergenz wiederum sorgt dafür, dass immer neue Arten entstehen, die nicht nur für mehr Vielfalt sorgen, sondern auch dafür, dass andere Arten wieder ausgerottet werden. So kann man – vereinfacht gesagt – Evolution als „Wettkampf innerhalb einer Art" und Divergenz als „Wettkampf zwischen den Arten" bezeichnen.

Nehmen Sie den Parasiten Körperlaus! Als unsere menschlichen Vorfahren noch am ganzen Körper behaart waren, war die Körperlaus der dominante Parasit und wurde im Laufe der Zeit durch Evolution immer besser. Mit dem Rückgang der Körperbehaarung und durch die zunehmende Verwendung von Kleidung entstanden durch Divergenz zwei neue Arten, die Kopf- und die Kleiderlaus, die beide jeweils perfekt für ihren Lebensraum „maßgeschneidert" waren. Die Körperlaus blieb dabei auf der Strecke und starb aus. Divergenz machte aus dem „Körperspezialisten" Körperlaus den „Generalisten" Körperlaus, der gegen die neuen Spezialisten Kopf- und Kleiderlaus keine Chance hatte.

Die zwei treibenden Kräfte in der Wirtschaft

Wenn man nun Märkte über einen längeren Zeitraum beobachtet, stößt man auf dieselben Kräfte. Evolution i. e. S. als Weiterentwicklung sorgt dafür, dass eine Produkt- oder

Dienstleistungskategorie im Laufe der Zeit immer besser wird. Divergenz sorgt dafür, dass die Produkt- und Dienstleistungskategorien im Laufe der Zeit immer mehr werden. In der Natur passiert dies „unabsichtlich" durch Mutation und die Auslese übernimmt die Natur durch „Survival of the fittest". In der Wirtschaft passiert dies aufgrund der menschlichen Kreativität und die Auslese erfolgt durch den Markt.

Nehmen Sie die großen Einkaufshäuser, die noch in den 60er und 70er Jahren die Handelslandschaft dominierten! Sie wurden im Laufe der Zeit durch Evolution immer besser; immer neue Waren, bessere Möglichkeiten zur Warenpräsentation, schönere Displays, bessere Kassensysteme etc.

Dann schlug das Prinzip der Divergenz zu. Es entstanden neue Marktkategorien, wie Fachgeschäfte, Spezialgeschäfte, Fachmärkte, Supermärkte, Megamärkte, Diskonter etc. Mit diesen neuen Kategorien entstanden auch neue Marken und Marktführer. Auf der Strecke blieben die meisten Großkaufhäuser, die es jedem ein bisschen recht machen wollten, aber keinem richtig.

Dieses Prinzip der Divergenz oder Abweichung finden Sie in jedem Markt, egal ob Hightech oder Lowtech: So war die Urzelle des Computers der Großrechner. Wenn man damals das Wort Computer benutzte, meinte man automatisch einen Großrechner. Heute haben wir eine Vielfalt an Computern, wie Großrechner, Minicomputer, Supercomputer, Workstations, 3-D-Workstations, Personal-Computer, Notebooks, Handhelds und mehr wird kommen. Aus der Uridee des Großrechners entstanden viele neue Arten von Computern und viele neue Marken. Zusätzlich schuf der Computer noch viele neue Kategorien und Marken, die wieder neue Unterkategorien und Marken schufen, wie in den Bereichen Drucker, Software, Speichermedien und bei vielen anderen Peripheriegeräten. Ganz zu schweigen von den vielen Fachzeitschriften, Web-Sites und Beratungsfirmen in diesem Bereich.

Oder nehmen Sie ein Lowtech-Produkt (Braumeister mögen mir verzeihen) wie Bier. Irgendwann einmal hat es ein Urbier gegeben. Heute haben wir Pilsbier, Märzenbier, Importbier, Weißbier (hell und dunkel), Schwarzbier, Altbier, Premiumbier, mittelpreisiges Bier und niedrigpreisiges Bier, alkoholfreies Bier, Starkbier, Leichtbier, Mediumbier und Biermischgetränke, die allesamt neue Kategorien und Marken schufen. Und mehr wird kommen.

Dieses Bild haben wir in jedem Markt. Aus einem Urprodukt bzw. einer Urdienstleistung heraus entwickeln sich – dank unserer Kreativität – immer neue Produkt- bzw. Dienstleistungskategorien. So haben wir heute nicht nur herkömmliche Heftpflaster, sondern atmungsaktive, wundheilfördernde, wasserfeste, flüssige und mehr wird kommen.

Es geht aber nicht nur darum, dass man diese beiden Kräfte versteht, sondern vor allem darum, dass man mit diesen beiden Kräften strategisch richtig umgeht, um dauerhaft erfolgreich und vor allem profitabel auf dem Markt zu bestehen. Dabei haben sich neben anderen vor allem die folgenden 11 Naturgesetze herauskristallisiert.

Naturgesetz Nr. 1:
Divergenz zum Markenaufbau

Wenn man sich heute die starken marktdominierenden Marken ansieht, fällt eines auf: Diese setzten in ihrer „Geburtsstunde" auf die Urkraft der Divergenz, indem sie neue Kategorien schufen. Die Devise dahinter lautete und lautet: „Besser Erster als besser." Dies ist das Markengesetz der Markengesetze. Aus ihm leiten sich alle anderen Gesetze ab.

So war Coca-Cola die erste Cola, Persil das erste Waschmittel, Nivea die erste Creme auf Öl-Wasser-Basis, Nescafé der erste lösliche Kaffee, McDonald's die erste Hamburgerkette, Kaffee Hag der erste koffeinfreie Kaffee, Duracell die erste Alkalibatterie, IBM der erste Computer, Dell Computer der erste PC-Direktvertrieb, Amazon die erste Internetbuchhandlung, eBay das erste Internetauktionshaus, Ryanair Europas erste Diskontfluglinie, Wagner Pizza die erste Steinofenfertigpizza, Gore-tex die erste atmungsaktive, wasserdichte Faser.

Teile und herrsche

Diese und viele andere sehr erfolgreiche Marken teilten ihren Markt zu ihren Gunsten, um dann ihren Teilmarkt auszubauen und langfristig zu beherrschen bzw. dominieren. Der iPod von Apple teilte den Markt für MP3-Player in MP3-Player mit Flash-Speicher und in MP3-Player mit Harddisc-Speicher. Die Golfschlägermarke Big Bertha teilte den Markt für Driver in herkömmliche und übergroße. Neuburger teilte den Markt in herkömmlichen und in Gourmet-Leber-käse.

Wick Medinait teilte den Markt in herkömmliche Erkältungsmedizin und in Erkältungsmedizin nur für die Nacht. Heute ist Wick Medinait die meistverkaufte Erkältungsmedizin weltweit.

Amadeus (jetzt Thalia.at) in Linz wurde zur erfolgreichsten Buchhandlung Österreichs, indem sie als Erste den Markt in herkömmliche und Mega-Buchhandlungen teilte. Egal, ob Produkt oder Dienstleistung, Consumer- oder Business-to-Business-Markt, wenn Sie heute eine starke, marktdominierende Marke bauen wollen, brauchen Sie zuerst eine erste Idee, die Ihnen hilft, den Markt zu Ihren Gunsten zu teilen.

Wichtig dabei: Sie benötigen dazu nicht unbedingt eine bahnbrechende Innovation. Oft genügt es, ein Thema als Erster zu besetzen. BMW war die erste Marke, die das Thema „Fahrfreude" nachhaltig besetzte. Man teilte so den Markt in Fahrkomfort (Mercedes) und Fahrfreude (BMW). Krombacher war das erste Pilsbier, das die Idee „gebraut aus Felsquellwasser" nachhaltig besetzte. Man teilte so den Markt in herkömmliches Pilsbier und in Pilsbier, gebraut aus „Felsquellwasser". Zotter Schokolade teilt gerade den Markt in herkömmliche Schokolade und in „handgeschöpfte Schokoladekreationen".

Manchmal kann man sogar die eigene Historie nutzen, um einen Markt zu den eigenen Gunsten zu teilen. Dies sollte Radeberger tun. So gibt es alleine in Deutschland 1274 Brauereien, aber nur eine, die als erste nach Pilsener Art braute. Das ist die Radeberger Brauerei in Dresden. Radeberger ist das Pils aus der Heimat der deutschen Pilsbiere.

Die falschen Fragen und die richtige Frage

Aber welche Fragen stehen heute bei den meisten Strategie- und Marketingmeetings im Mittelpunkt? Ganz klar Fragen wie: „Wie können wir besser als die Konkurrenz, vor allem besser als der Marktführer werden? Wie können wir ein besseres Produkt entwickeln? Wie können wir unseren Vertrieb verbessern? Wie können wir bessere, kreativere Werbung machen? Wie können wir unsere Mitarbeiter besser motivieren?"

So gut wie niemals hört man: „Wie können wir den Markt mit einer ersten Idee zu unseren Gunsten teilen?" Aber genau dort liegt der Schlüssel zum dauerhaften Erfolg. Nehmen Sie Dr. Best! Bis 1988 war Dr. Best in Deutschland eine weitere Zahnbürste unter vielen. Der Marktanteil lag bei mageren 5 %. Dann entschied man sich – absichtlich oder unabsichtlich – auf die Urkraft der Divergenz zu setzen. Man lancierte die erste nachgebende Zahnbürste, eine neue Produktkategorie, die man gegen die alte Kategorie (starre Zahnbürsten) positionierte. Man teilte so den Markt in „starre" und in „nachgebende" Zahnbürsten. Heute ist Dr. Best mit einem Marktanteil von über 40 % Marktführer.

3 Vorteile von Anfang an

Damit hatte man 3 Vorteile von Anfang an: (1) Man war sofort Marktführer in der Kategorie „nachgebende" Zahnbürsten. Es gab nämlich keine anderen nachgebenden Zahn-

21

bürsten. (2) Man konnte so sofort sämtliche Konkurrenten als „starr" und somit gefährlich repositionieren. (3) Man war so automatisch auch in der PR und Werbung unverwechselbar. Man hatte eine einzigartige Idee, mit der man arbeiten konnte und arbeiten kann. (So werden laut einer Studie von Grey Advertising mindestens 70 % aller wahrgenommenen Werbebotschaften der falschen Marke, vor allem aber dem Marktführer zugeordnet. Gut für die Marktführer. Schlecht für den Rest.)

Mehr noch: Man konnte so auch nachhaltig den Profit steigern. Lag die Marke früher im unteren Preisdrittel, so liegt sie heute im oberen Preisdrittel. So zeigt sich auch immer und immer wieder, dass Marktführer höhere Preise verlangen (können) als Me-too-Marken. Und wie wird man Marktführer? Antwort: Indem man als Erster einen Markt mit Erschaffung einer neuen Kategorie teilt, um dann diese neue Kategorie zu dominieren.

Dasselbe machte SmithKline Beecham (jetzt Glaxo Smithkline) sehr erfolgreich bei Vitamin-C-Präparaten. So teilte man mit der Marke Cetebe den Markt für Vitamin-C-Präparate in herkömmliche und in solche mit Langzeitwirkung. „Das Langzeit-C" wurde zur Positionierung und zum Slogan für Cetebe. Jetzt ist Eunova an der Reihe. So teilt Eunova gerade den Markt in herkömmliche Multivitamin-Präparate und in solche mit Langzeitwirkung.

Dasselbe gilt für Pampers (erste Wegwerfwindel), Hipp (erste Nur-Bio-Babynahrung), Actimel (erster probiotischer Joghurtdrink), RTL (erster Privatfernsehsender), Pantene Pro-V (erstes Pflegeshampoo mit Provitamin B5) oder Google (erste Suchmaschine mit PageRank$^{(tm)}$-Technologie). Sie alle teilten den Markt zu ihren Gunsten, um dann ihren Teilmarkt zu dominieren und auszubauen.

Oder nehmen Sie Playmobil! Playmobil revolutionierte vor 30 Jahren die Welt der Kinder mit den ersten „beweglichen" Spielfiguren, mit denen man die Welt der Erwachsenen nachspielen konnte.

Das Gleiche gilt für jeden Markt, egal ob Computer (IBM), Nachrichtenmagazine (Der Spiegel), Männermagazine (Playboy), Jeans (Levi's), Kaubonbons (Maoam), Tampons (o.b.) oder Energydrinks (Red Bull). Es ist bedeutend einfacher, eine freie Position als Erster zu besetzen, als zu beweisen, dass man besser als der Marktführer ist. (Mehr dazu auch im 4. Naturgesetz.)

Besser Erster als besser

Das Problem dabei: Am Anfang sehen solche erste Ideen oft mickrig aus. Sie werden von den großen Unternehmen häufig ignoriert, wenn nicht sogar belacht und belächelt. Als Internorm als erstes Unternehmen in Österreich auf Kunststoff-Fenster setzte, gab es keinen Markt für Kunststoff-Fenster. Und von den führenden Holzfensterproduzenten gab niemand dieser Idee eine echte Chance. Heute ist Internorm nicht nur die Nr. 1 bei Kunststoff-Fenstern, sondern insgesamt Österreichs führender Fenstererzeuger und Europas führende Fenstermarke. Schlüsselfrage: Wo wäre Internorm heute, wenn man versucht hätte, ein besseres Holzfenster zu produzieren?

Die Essenz erfolgreicher Markenführung lautet daher schlicht und einfach „besser Erster als besser". Sie werden nicht Marktführer, indem Sie ein besseres Produkt erzeugen oder bessere Werbung machen. Sie werden Marktführer, indem Sie als Erster mit einer ersten Idee den Markt zu Ihren Gunsten teilen, um dann diesen Markt auszubauen und zu dominieren. Das ist das Gesetz der Markenkreation.

Naturgesetz Nr. 2:
Divergenz findet im Kopf statt

Es genügt aber nicht, als Erster mit einer neuen Idee auf die Urkraft der Divergenz zu setzen. Man muss diese Idee als Erster in den Köpfen der Kunden positionieren, denn nur und nur dort fällt die Entscheidung, was, wann, wo und wie oft gekauft wird. Nirgendwo sonst! Und hier tappen viele in die, wie wir sie nennen, „Wikinger-Falle".

Warum? Die Wikinger entdeckten als Erste um ca. 1000 n. Chr. Amerika, aber sie vergaßen, die Geschichtsschreibung mitzunehmen. Heute würden wir sagen, sie vergaßen, PR und Werbung mitzunehmen. So war der Weg frei für Christoph Kolumbus, um 1492 offiziell die neue Welt zu entdecken.

Und in diese Wikinger-Falle tappen viele Unternehmen. So war Powell.com, soweit wir es wissen, die erste Internetbuchhandlung dieser Welt im Internet. Bic war der erste Wegwerfrasierer dieser Welt, Creative Technology der erste MP3-Player mit Harddisc-Speicher in den Regalen der Märkte. IBM war der erste 16-Bit-Business-PC der Welt. Motorola war das erste Mobiltelefon dieser Welt. Kodak erfand bereits Mitte der 70er Jahre die Digitalkamera.

Wenn man sich heute diese Märkte ansieht, heißen die Marktführer ganz anders. Wo liegt das Problem? Ganz einfach: Es geht nicht um First-to-Market, es geht um First-to-Mind. Powell.com war die erste Internetbuchhandlung im Netz, Amazon.com in den Köpfen der Kunden. Dasselbe Bild bei MP3-Playern mit Harddisc-Speicher: Creative Technology war Erster auf dem Markt, aber Apple eroberte sich als Erster mit der Marke iPod die Führungsposition in den Köpfen der Kunden und folglich auf dem Markt.

Besser Erster (im Kopf) als besser

Bic erfand den Wegwerfrasierer, aber Gillette eroberte als Erster mit dem Blue II diese Position in den Köpfen der Kunden. Motorola war zwar der Erfinder des Handys, aber Nokia schuf sich als Erster die Position „ultimative Handymarke" in den Köpfen der Kunden, indem man sich als erste Marke nur auf Mobiltelefone spezialisierte. Motorola hatte vielleicht die besseren Produktentwickler. Nokia hatte auf alle Fälle das bessere Marketing. Nokia setzte auf die richtige Marken- und Positionierungsstrategie.

Anders ausgedrückt: Sie können nur dann den Markt erobern, wenn Sie zuerst die Köpfe der Kunden erobern. Markenführung ist kein Kampf der Produkte, es ist ein Kampf um die Wahrnehmung.

Das heißt aber auch: Die Wahrnehmung der Kunden gibt Unternehmen zwei Chancen, das Prinzip Divergenz zu nutzen: (1) Indem man als Erster eine neue Kategorie mit einer neuen Marke in den Köpfen der Kunden einführt. (2) Indem man sich als erste Marke auf eine bereits bestehende Produktkategorie spezialisiert, um dann diese Position in den Köpfen der Kunden einzunehmen.

Das ist ein interessantes Phänomen. Wenn viele Marken ein Produkt nebenbei anbieten, entsteht auf dem Markt, in den Köpfen der Kunden der Eindruck, dass dies „quasi jeder macht". Folglich gibt es kein Original. Typisches Beispiel dafür ist der Markt für DVD-Player und viele andere Elektronikgeräte, wo es keine Spezialmarken gibt und folglich die Features und vor allem der Preis im Mittelpunkt der Kaufentscheidung stehen. Das gilt auch bei Digitalkameras. Auch hier haben die Menschen den Eindruck, dass diese quasi „jeder" macht. Also stehen Pixel, sonstige Features und der Preis im Mittelpunkt der Kaufentscheidung.

Ganz anders bei Spielkonsolen, wo die Spezialmarken Nintendo, Playstation und Xbox den Markt dominieren. Wer hier „nebenbei" anbietet, ist chancenlos. (Kein Wunder, dass die Playstation das profitabelste Produkt bei Sony sein soll.) Dies sollte auch jemand bei Digitalkameras bedenken, um als Erster eine neue Marke zu lancieren, die sich ausschließlich auf Digitalkameras fokussiert, um dann diese Position als erste Marke in den Köpfen der Kunden zu erobern und zu besetzen.

IBM war, wie bereits erwähnt, der Erfinder des Business-PCs. IBM war in diesem Bereich einst der Industriestandard. Man sprach damals bei anderen PC-Anbietern von IBM-Clones. Aber als der PC-Spezialist Compaq auftauchte, war es schnell mit der Führungsposition von IBM vorbei. Dann mutierte Compaq durch den Kauf von DEC (Digital Equipment Corporation) zu einer schwachen IBM-Kopie und der PC-Direkt-Spezialist Dell wurde Weltmarktführer bei PCs. Das Compaq/DEC-Chaos endete als Teil von Hewlett-Packard.

First-Mover vs. First-to-Mind

Deshalb sprechen wir in diesem Zusammenhang auch nicht vom First-Mover-Advantage, sondern vom First-to-Mind-Advantage. Es genügt nicht, etwas als Erster zu erfinden. Das gibt Ihnen einen Startvorteil. Entscheidend ist aber, wer als Erster in den Köpfen der Kunden als Original, Marktführer oder führender Spezialist wahrgenommen wird. Amazon ist in den Köpfen der Kunden die echte und wahre Internetbuchhandlung. Powell.com ist dort nicht einmal unter „ferner liefen" abgespeichert.

Ein interessantes Beispiel dazu ist die Geschichte der Unternehmensberatung Czipin & Partner in Österreich. Als der Trend in der Managementberatung so richtig Richtung „mehr Produktivität" ging, boten fast alle großen Unternehmensberatungen solche Projekte zusätzlich an. Das Motto dahinter: Egal, was die Klienten wollen, wir haben es.

Was tat Czipin & Partner? Czipin & Partner fokussierte sich nur und nur auf Produktivitätssteigerung. Die Folge: Man wurde in relativ kurzer Zeit – auch dank massiver PR-Maßnahmen, alle natürlich auf mehr Produktivität fokussiert – zu der Unternehmensberatung im Bereich Produktivitätssteigerung. Czipin & Partner wurde so in diesem Bereich zur ersten Wahl und zum Echten und Wahren. Mehr noch: Man wurde so zur größten rein österreichischen Unternehmensberatung überhaupt. Das ist die Macht der richtigen Marken- und Positionierungsstrategie.

Das heißt: Entscheidend ist, wer einen Markt als Erster zu seinen Gunsten in den Köpfen der Kunden teilt. Nur auch das genügt noch nicht. Wenn man dauerhaft in diesen Köpfen bestehen will, muss diese Idee auch dauerhaft in diesen Köpfen der Kunden Sinn machen. Nehmen Sie Yello Strom! Yello Strom teilte den deutschen Strommarkt in herkömmlichen Strom und in gelben Strom. Mit dieser Idee und einem massiven Werbeprogramm wurde man schnell zur bekanntesten Strommarke Deutschlands. Die FAZ schrieb, dass jetzt ganz Deutschland weiß, dass Strom gelb ist. Das Ganze hatte nur einen gewaltigen Schönheitsfehler: Niemand weiß bis heute, warum man ausgerechnet gelben Strom kaufen sollte.

Die Folge: Man liegt weit hinter den geplanten Zahlen zurück und hat seit Einführung bereits die dritte Werbekampagne, um dieses Problem zu lösen. Nur Werbung wird dieses Problem nicht lösen. Yello braucht vor allem und zuerst eine bessere Idee, um den Markt sinnvoll zu teilen. Erst dann sollte man sich Gedanken über die Werbung machen.

Anders Wagner Pizza! Wagner Pizza teilte den Markt für Fertigpizzen in herkömmliche und in Steinofen-Fertigpizzen. Und es klingt einfach logisch, dass eine Steinofen-Fertigpizza besser schmecken muss als eine herkömmliche. Diese Idee macht enorm Sinn in den Köpfen der Kunden.

Dove teilte den Markt für Duschbäder in herkömmliche und in Duschbäder mit 1/4 Feuchtigkeitscreme. Und auch diese Idee macht enorm Sinn in den Köpfen der Kunden. Es klingt einfach logisch, dass ein Duschbad mit 1/4 Feuchtigkeitscreme besser für die Haut sein muss als eines ohne. Weiß doch jeder, dass Duschen die Haut austrocknet. So entsteht überlegene Qualität in den Köpfen der Kunden. Damit kommen wir zum dritten Naturgesetz.

Naturgesetz Nr. 3:
Produktqualität ist nicht gleich Markenqualität

Es gibt zwei Arten von Qualität, die tatsächliche Qualität und die wahrgenommene Qualität. Zwischen beiden muss klar unterschieden werden, wenn man nicht nur starke Produkte, sondern vor allem auch starke Marken bauen will. So meint Al Ries nicht umsonst: „Starke Produkte baut man in der Fabrik. Starke Marken baut man in den Köpfen der Kunden."

Anders ausgedrückt: Die objektive Qualität ist wichtig, aber die wahrgenommene Qualität entscheidet! Wenn man sich starke Marken ansieht, fällt eines auf: Sie werden als qualitativ besser als ihre Kopien wahrgenommen. Aber sind sie wirklich besser? Unsere Antwort: Wer weiß? Schmeckt Coca-Cola wirklich besser als Pepsi-Cola? Baut VW wirklich bessere Autos als Opel oder Ford? Brät McDonald's wirklich bessere Burger als Burger King? Baut Dell wirklich bessere PCs als Hewlett-Packard, IBM (jetzt Lenovo), Fujitsu-Siemens oder Sony? Hält eine Duracell wirklich länger als eine Energizer oder eine Alkalibatterie von Varta? Ist Pampers wirklich besser als Fixies? Schmeckt Milka wirklich besser als Alpia? Die Antwort darauf lautet: „Wer weiß?" Eines ist aber klar: Diese erstgenannten Marken wie Coca-Cola, VW, McDonald's, Pampers oder Milka haben eine höhere Qualitätseinschätzung als ihre Kopien.

So gewann und gewinnt Pepsi-Cola regelmäßig Geschmack-Blindtests gegen Coca-Cola. Dies war auch der Grund, warum Coca-Cola Mitte der 80er Jahre New Coke in den USA einführte. In Geschmack-Blindtests, die man vor der Einführung machte, gewann New Coke klar gegen Coca-Cola Classic und gegen Pepsi-Cola. In offenen Geschmacktests und vor allem auf dem Markt heißt der klare Sieger jedoch Coca-Cola Classic, denn ein Original muss einfach besser schmecken als eine Kopie. Man schmeckt, was man erwartet.

In Zukunft werden wir daher – noch mehr als heute – ein doppeltes Qualitätsmanagement benötigen, eines für die objektive Qualität in der Fabrik und eines für die wahrgenommene Qualität in den Köpfen der Kunden. Denn eines ist klar: Die beste objektive Qualität hilft wenig, wenn die Wahrnehmung in den Köpfen der Kunden eine andere ist.

6 Wege zur Qualität

Wie aber entsteht Qualität in den Köpfen der Kunden? Wir sind in unserer Arbeit – neben anderen – vor allem auf folgende 6 Qualitätsmuster gestoßen, auf die man beim Markenaufbau und bei der Markenpflege setzen sollte:

(1) Marktführer werden höher eingeschätzt als Nicht-Marktführer.

Wir schätzen Marktführer höher ein als Nicht-Marktführer. Warum ist dies so? Dies lässt sich mit dem Herdentrieb der Menschen erklären. So schreibt etwa der amerikanische Psychologe Robert. B. Cialdini über dieses Prinzip der sozialen Bewährtheit: „Das Prinzip besagt, dass wir uns bei der Entscheidung, ob etwas richtig ist, häufig daran orientieren, was andere für richtig halten." Als Beispiel nennt er Toyota und dessen Claim „Toyota Camry is the #1 selling car in America for the second year in row."

Claims wie diese machen Marken zur sicheren Entscheidung für Kunden und sind deshalb so effektiv. Deshalb empfehlen wir (fast allen) Marktführern, unbedingt ihre Führungsposition auf sympathische Art und Weise zu kommunizieren, speziell dann, wenn die Kunden nicht genau wissen, wer wirklich Marktführer ist.

So weiß zum Beispiel so gut wie niemand, wer wirklich die Nr. 1 bei Videobeamern ist. (Wissen Sie es?) Die Folge: Videobeamer werden in erster Linie nicht nach Marke, sondern nach Features (Lichtstärke, Auflösung etc.), Preis und/oder auf Empfehlung gekauft. Hier verspielt u. U. Infocus, der Marktführer bei professionellen Präsentationen, seine Zukunft, weil man diese Führungsposition nicht aktiv kommuniziert.

Dabei ist Marktführerschaft gerade im Business-to-Business-Marketing ein extrem wirkungsvoller Ansatz. Warum? Weil man so zur sicheren Entscheidung in den Köpfen der Entscheider wird. Und gerade Entscheider wollen keine Fehlentscheidung treffen.

Wie mächtig Marktführerschaft ist, zeigt auch das Beispiel Barilla in den USA. 1996 wurde Barilla in den USA mit dem Slogan „Italy's pasta No. 1" eingeführt. 1999 war man bereits in diesem heiß umkämpften Markt Marktführer. Die Erfolgspsychologie dahinter: Die meistverkaufte italienische Pasta muss einfach besser sein als eine herkömmliche Pasta. Denn Italien ist einfach das Pasta-Land Nr. 1 auf dieser Welt.

So ist es auch nicht verwunderlich, dass sich Internorm als Österreichs führende Fenstermarke positioniert. Subaru wiederum wirbt mit „Weltweit die Nr. 1 bei Allrad-PKWs". Und DWS bringt es bei Fonds mit „Geld gehört zur Nr. 1" auf den Punkt.

Eine Abwandlung des Marktführer-Effekts ist, wenn man sich als die schnellstwachsende Marke in einem bestimmten Markt oder Segment positionieren kann. Auch dies erzeugt glaubwürdig Qualität in den Köpfen der Kunden. Nachteil dabei: Dieser Effekt wirkt meist nur kurzfristig. Aber man kann ihn sehr gut als „Starthilfe" benutzen, um dann auf einen anderen dieser 6 Effekte zu wechseln.

(2) Präferierte Marken werden höher eingeschätzt als herkömmliche Marken.

Ähnlich wie Marktführerschaft wirken Präferenzen. So muss eine Zahnbürste, die von Ärzten am häufigsten empfohlen wird, besser sein als eine herkömmliche. Diesen Ansatz nutzt Oral-b sehr erfolgreich. Toyota wurde wiederum dank der ADAC-Pannenstatistik zu dem „zuverlässigen" Japaner. Und mit dieser Idee „zuverlässig" wird man – wie es aussieht – bald zur meistverkauften Automarke und zum größten Automobilkonzern der Welt werden. Diesen Effekt nutzt auch Calgon, um seine Führungsposition mit der Aussage „von führenden Waschmaschinenherstellern empfohlen" zu untermauern.

Supradyn positioniert sich als das „von Ärzten und Apothekern meistempfohlene Vitaminpräparat in Österreich". Und Grey Goose wurde mit der Positionierung „Rated the No. 1 tasting vodka in the world" der bevorzugte Premiumwodka der USA.

Entscheidend dabei ist, dass man mit dem Präferenzeneffekt den Markt glaubwürdig teilt. Das heißt, dass die verwendete Präferenz klar und vor allem glaubwürdig in den Köpfen der Kunden bereits positioniert ist, wie etwa die ADAC-Pannenstatistik.

(3) Originale werden höher eingeschätzt als Kopien.

Wir schätzen Originale höher ein als Kopien. Davon leben Marken wie Coca-Cola, Red Bull, Gore-tex, McDonald's, Aspirin, Viagra, Heinz Ketchup, Nutella, Nescafé, Levi's oder auch Weihenstephan. So positioniert sich etwa Weihenstephan als die Heimat des Bieres und älteste Brauerei der Welt.

Diese und viele andere Marken werden als das „Echte und Wahre" in ihrer Produktkategorie wahrgenommen. Gleichzeitig werden so alle Wettbewerber indirekt als (schwache) Kopien repositioniert.

Früher war Kraft Ketchup das meistverkaufte Ketchup in Deutschland. Dann attackierte Heinz mit der Original-Position. Heute ist Heinz die Nr. 1. Früher, als Red Bull in Deutschland verboten war, war Flying Horse die Nr. 1 bei Energydrinks. Heute ist Red Bull die klare Nr. 1. Wo aber ist Flying Horse geblieben? (Das heißt, in speziellen Situationen ist der Pionier-Effekt noch stärker als der Marktführer-Effekt.)

Speziell bei Marken, die „global" gehen (wollen), ist es eine große Hilfe, wenn man sich weltweit als Original positionieren kann. So hilft es etwa wenig, wenn man in einer Stadt als Erster einen Hamburger-Laden eröffnet. Wenn McDonald's eine Filiale eröffnet, ist es in der Regel mit der lokalen Marktführerschaft schnell vorbei.

Nur leider setzen viele Marken – aus uns unerfindlichen Gründen – nicht auf diese Originalposition, wie etwa Radeberger oder auch Schneider Weiße als Original-Weißbier. Wer es tut, ist die Boston Consulting Group, die sich als Pionier in der Strategieberatung positioniert, um so die Erfahrung und das Know-how des Originals zu kommunizieren.

(4) Kategorie(er)finder werden höher eingeschätzt als Kopierer.

Wer heute kein Original oder kein Marktführer ist, der sollte aktiv auf das Prinzip Divergenz setzen, um selbst zum Marktführer oder Original zu werden. Entscheidend dabei ist, dass – wie bereits erwähnt – die neue Kategorie in den Köpfen der Kunden ankommt und Sinn macht.

Dr. Best erfand die Kategorie der „nachgebenden Zahnbürste". Und eine nachgebende Zahnbürste sollte besser sein als eine starre. Pampers war die erste Wegwerfwindel, die Babys trockener hielt als herkömmliche Stoffwindeln. Amazon war die erste Internetbuchhandlung, die zugleich mehr Auswahl und günstigere Preise als herkömmliche Buchhandlungen versprach. Und der Nutzen von Apples iPod, dem ersten MP3-Player mit Harddisc-Speicher war ganz klar neben dem Design die Menge der speicherbaren Songs.

Wenn man den Kategorie-Effekt nutzen will, gilt es, eine neue Kategorie zu definieren, die in den Köpfen der Kunden Sinn macht und sich einfach in eine Kaufmotivation, in einen Nutzen für die Kunden übersetzen lässt, der die Konkurrenz „alt" aussehen lässt. (Mehr dazu im 9. Naturgesetz.)

Wichtig dabei: Man sollte bei dieser Aufgabe nicht nur in Produktkategorien denken. So etwa positionieren sich Marken wie Wick Medinait, Elmex und Aronal über die Tageszeit, Marken wie Amazon oder Dell Computer über den Vertriebsweg, Kinderschokolade über die Zielgruppe Kinder, Marken wie Krombacher, Wagner Pizza oder Zotter Schokolade über ihre Machart. Der Kreativität sind dabei keine Grenzen gesetzt, wenn es darum geht, erste Ideen zu finden, die das Potential haben, neue mächtige Kategorien und Marken zu schaffen. Bestehende Regeln erfolgreich zu brechen heißt neue Regeln aufstellen.

(5) Spezialisten werden höher eingeschätzt als Generalisten.

In vielen Fällen ist es aber gar nicht erforderlich, eine neue Kategorie zu erfinden, um eine in den Köpfen der Kunden zu besitzen. Oft kann es genügen, wenn man sich einfach als Erster auf eine Kategorie in den Köpfen der Kunden spezialisiert. So schätzen wir nicht nur im medizinischen Bereich Experten bzw. Spezialisten höher ein als Generalisten. So geht man bei kleinen Wehwehchen zum Hausarzt, zum Generalisten, bei größeren zum Facharzt, dem Spezialisten.

Dazu kommt, dass diese Strategie weniger riskant ist. Man muss nicht zittern, ob die neue Kategorie in den Köpfen der Kunden funktioniert, denn diese ist ja bereits vorhanden. Man verengt nur den Fokus, um so in den Augen der Kunden zum führenden Spezialisten zu werden.

Dies gilt für Marken, wie BMW, Volvo, Nokia, KTM, Compaq und viele, viele andere. So fokussierte sich BMW als erste Marke auf das Thema Fahrfreude, Volvo auf Sicherheit, Nokia auf Mobiltelefone, KTM auf Off-Road-Motorräder und Compaq auf PCs.

Wie beim Kategorieeffekt sollte man dabei nicht nur in Produktkategorien denken. Der wesentliche Unterschied zum Kategorie-Effekt liegt nur darin, dass es die Kategorie bereits gibt, nur dass sich noch niemand erfolgreich auf diese spezialisiert bzw. fokussiert hat.

Dazu zwei aktuelle Beispiele aus den USA: Curves und Ladyeyes. Curves war nicht das erste Fitness-Studio der USA. Curves war aber das erste, das sich nur auf Frauen spezialisierte. Heute ist Curves die größte Fitnesscenter-Kette der USA überhaupt. Jason Carruthers war über Jahre ein sehr ambitionierter Optiker in den USA, aber der durchschlagende Erfolg wollte sich einfach nicht einstellen. Sein Problem: Es gab in den USA bereits genügend ambitionierte Optiker. Er war nur einer unter vielen. Und dann traf er eine wichtige Entscheidung. Er verengte den Fokus nur auf Frauen. So heißt sein Geschäft heute Ladyeyes und ist ein durchschlagender Erfolg. So gehört er zu den erfolgreichsten Optikern der USA.

Dies tat auch Pan & Co in Österreich sehr erfolgreich, indem man die erste Backshoplösung speziell für Supermärkte schuf. Oder nehmen Sie die Unternehmensberatung Simon,

Kucher & Partners! Die Berater um Hermann Simon positionieren sich weltweit sehr erfolgreich als „Preisfindungsspezialisten" oder „Pricing-Experten". So schrieb BusinessWeek in der Ausgabe vom 26. Januar 2004: „Simon-Kucher is world leader in giving advice to companies on how to price their products." Diese Wahrnehmung kann sich nur ein Spezialist schaffen.

(6) Die nächste Generation wird höher eingeschätzt als die vorhergehende.

Wir schätzen die nächste Generation in der Regel besser ein als die Vorgängergenerationen. Niemand kauft gerne ein Produkt oder eine Dienstleistung von „gestern", die als „veraltet" wahrgenommen wird. Dies gilt für alle Bereiche, in denen Fortschritt positiv gesehen wird.

Das Paradebeispiel dafür, wie man diesen Effekt über Jahre und Jahrzehnte nutzen kann, ist Gillette. So hatten wir zuerst eine Sicherheitsklinge, dann zwei, dann zwei bewegliche, dann zwei bewegliche mit Schwingkopf und mittlerweile haben wir drei ohne bzw. mit Batteriepower, um die Härchen aufzustellen. Nur bei 4 Klingen war Wilkinson Sword mit dem Quattro schneller. Aber jetzt plant Gillette für 2006 den Gillette Fusion, den ersten 5-Klingen-Rasierer der Welt, um so die nächste Generation zu lancieren.

Dasselbe Spiel spielen Intel und Microsoft sehr erfolgreich. Auch Googles Durchbruch basierte auf einer neuen Suchtechnologie mit dem beschreibenden Namen „Page-Rank[(tm)]-Technologie". Wichtig in diesem Zusammenhang ist, dass man das neue Produkt nicht als Verbesserung, sondern wirklich als neue Generation in PR und Werbung präsentiert, um so die Vorgängergeneration aktiv abzulösen. Dazu muss man aber auch klar die neue Technologie in einfachen und verständlichen Worten definieren, wie es etwa Google mit der PageRank[tm]-Technologie machte.

Wichtig dabei: Nur den Nutzen der neuen Generation zu kommunizieren reicht nicht. So hätte etwa Duracell sagen können, dass es jetzt eine neue Batterie gibt, die länger hält. Aber das wäre zu wenig gewesen. Entscheidend war, dass man die erste Alkalibatterie präsentierte, die entscheidend länger hält als herkömmliche Zink-Kohle-Batterien.

Wer nämlich nur den Nutzen kommuniziert, tappt schnell in die Me-too-Falle und wird dann nur als weiterer Anbieter wahrgenommen, der schreit, dass er besser sei. In diese Falle tappte DEC (Digital Equipment Corporation) mit der Alphastation, als man diese als „schnellste Workstation der Welt" positionierte. Nur wer weiß schon, was ein bisschen schneller in unserer schnelllebigen Computerwelt ist? Das machte für die potentiellen Kunden zu wenig Unterschied. DEC hätte die Alphastation als erste 64-Bit-Workstation positionieren sollen, die die herkömmliche 32-Bit-Workstation überflüssig macht. Dann wäre DEC heute wahrscheinlich noch unter uns.

Das heißt: Je nach Ausgangslage sollten Sie auf den für Sie passenden Effekt setzen, um so die eigene Marke perfekt auf dem Markt, in den Köpfen der Kunden zu positionieren. Eines haben diese 6 Effekte gemeinsam: Sie machen Marken in ihrem Bereich zum Echten und Wahren. Gleichzeitig werden so alle Konkurrenten als Kopien, Nachahmer oder „out of touch" repositioniert. So entsteht echte Qualität in den Köpfen der Kunden. Zusammenfassend: Die tatsächliche Qualität ist heute der Mindeststandard, quasi die Pflicht. Die wahrgenommene Qualität ist der Schlüssel zum Marken- und Markterfolg, quasi die Kür. Missachten Sie dies auf Ihre eigene Gefahr!

Naturgesetz Nr. 4:
Emulation ist keine Erfolgsstrategie

Aber statt auf die Macht der Divergenz beim Markenaufbau zu setzen, um zum Echten und Wahren zu werden, setzen viele lieber auf den Emulations- oder Nachahmungs-Ansatz „besser und billiger". Man spricht auch von „mit dem Markt gehen". Nehmen Sie den Hamburger-Markt in den USA: Burger King kann alles von Big Mac kopieren, außer die Umsätze und Gewinne. Und das ist Schicksal der meisten Me-too-Marken.

Typisches Beispiel dafür ist zurzeit in Österreich Power Horse mit der Frontalattacke auf Red Bull. Nachdem bereits über 175 Kopien in den 90er Jahren scheiterten, versucht es jetzt Power Horse, indem man sich u. a. in „witzigen" Werbespots über die „Power-Kuhlimuh" lustig macht, um sich selbst dann als der Energydrink mit dem schwarzen Hengst zu positionieren.

Wird es funktionieren? Wird man so eine dauerhaft erfolgreiche, starke Marke aufbauen können? Wetten Sie nicht darauf! Warum nicht? Die Antwort ist klar: Power Horse verstößt wie viele andere auch gegen das Naturgesetz Nr. 1, das Markengesetz der Markengesetze: „besser Erster als besser".

Von Coca-Cola „lernen"

Dies zeigt auch die „Erfolgsgeschichte" der Coca-Cola Company in den USA. Als Red Bull in den USA so richtig durchstartete, konterte der weltgrößte Softdrinkerzeuger mit dem eigenen Energydrink KMX. Heute lautet das Umsatzverhältnis von Red Bull zu KMX 20 zu 1. Die Kopie hatte und hat trotz der enormen Marktmacht der Coca-Cola Company nicht den Funken einer Chance. (Jetzt probiert es Coca-Cola mit Full Throttle und demnächst mit Sprite 3G.)

Dasselbe passierte dem Cola-Giganten bei Sportgetränken. Hier lautet das Verhältnis Gatorade zur Kopie PowerAde 7 zu 1. Dasselbe Bild bei koffeinhaltigen Citruslimonaden: Das Verhältnis Mountain Dew zur Kopie Mello Yello liegt bei 9 zu 1. Bei Kirschcola liegt Dr. Pepper ebenfalls klar vor der Kopie der Coca-Cola Company, namens Mr. Pibb, nämlich 8 zu 1. Und auch Fruitopia hatte gegen das Original Snapple keine Chance.

Erschwerend kommt hinzu, dass Me-too-Marken in der Regel dazu gezwungen sind, niedrigere Preise als die Nummer 1 zu verlangen. (Warum sollten Kunden sonst überhaupt ein Me-too-Produkt in Erwägung ziehen?) So kostet Red Bull heute (Mai 2005) im Handel 1,29 Euro, Shark 1,09 und Power Horse nur 0,99 Euro. Das sind bei Shark bzw. Power Horse satte 20 bzw. 30 Cent/Dose weniger als Red Bull. Dies ist – im Killerwettbewerb von heute – eine tödliche Kombination, nämlich weniger Marktanteil und niedrigere Preise, eingekeilt zwischen der Nr. 1 und den Handelsmarken der Supermärkte. So kosten Eigenmarken im Schnitt bei Energydrinks 0,69 Euro die Dose in Österreich.

Aber die wahre Schlüsselfrage lautet: Wenn es die Coca-Cola Company, der mit Abstand größte Softdrinkkonzern der Welt und für viele das Mekka des modernen Marketings, mit einem Me-too-Ansatz nicht schafft, wie kann jemand anderer von dieser Strategie überhaupt Erfolg erwarten? Trotzdem werden Jahr für Jahr Unsummen in solche Me-too-Strategien gesteckt.

Unsummen, die man viel besser anlegen könnte, wenn man auf das Markengesetz Nr. 1 setzen würde, nämlich besser Erster (in den Köpfen der Kunden) als besser, wie Red Bull der erste Energydrink, Wagner Pizza die erste Fertigpizza aus dem Steinofen oder Dr. Best die erste nachgebende Zahnbürste.

Potente Beispiele

Nehmen Sie den Markt für Medikamente gegen ED (erektile Dysfunktion)! Viagra ist das Original. Viagra teilte den Markt in „unseriöse" und in „seriöse", sprich medizinische Potenzmittel. Levitra ist eine klassische Kopie, die auf „mehr Wirkung bei weniger Nebenwirkungen" setzt. Cialis wiederum ist keine Kopie. Cialis teilt gerade den Markt in „ED-Medikamente, die man unmittelbar vor dem Geschlechtsakt nehmen sollte" (Viagra, Levitra), und in „ED-Medikamente, die man quasi im Voraus nehmen kann". So ist Cialis etwa in Frankreich als „Das Wochenend-Medikament" positioniert. Hier probiert man es als das 36-Stunden-ED-Medikament.

Was wird passieren? Der Arzt wird in der Regel dem Patienten erklären, dass er zwei Möglichkeiten hat, entweder ein Medikament, das er direkt vor dem Akt nimmt, oder eines, das er quasi „auf Verdacht" schluckt, also entweder Viagra oder Cialis. Die Kopie Levitra wird da ein schweres Leben haben. In den USA hat Cialis bereits Levitra überholt. Kein Wunder, dass Levitra in nur 7 Monaten laut AdvertisingAge

(Ausgabe vom 20. Juni 2005) drei verschiedene Werbeagenturen beauftragte, um „das Problem" zu lösen. Nur dieses Problem lässt sich, wie viele andere Marken- und Marketingprobleme, nicht mit Werbung lösen. Levitra braucht, wie viele andere Marken in ähnlichen Situationen, keine bessere Werbung, sondern eine bessere Strategie.

Unternehmen geben nie auf

Aber Unternehmen geben anscheinend nie auf. Wann immer sich ein neuer Markt mit einer neuen starken Marke etabliert hat, tauchen auch sofort die „besseren" Me-too-Anbieter auf, um sich auch ein Stück vom Kuchen abzuschneiden. Genau das tat Play-Big in den 70er Jahren. Nach dem Erfolg von Playmobil konterte Play-Big mit dem Ansatz „besser". Die Figuren waren im Vergleich zu Playmobil größer und noch viel detailverliebter konstruiert. Die Autos und Lastwagen waren detailgetreuer den großen Vorbildern nachempfunden und hatten auch viel mehr Funktionen und Features als die von Playmobil. Nur all das brachte wenig. Playmobil ist heute noch immer das Maß aller Dinge. Play-Big ist vergessen.

Typisches Beispiel für diesen Me-too-Ansatz war etwa auch die Listerine-Kampagne, die Henry Maske als boxendes Testimonial im Kampf um Marktanteile gegen Odol Mundwasser in den Ring schickte. Listerine ging dabei trotz Henry Maske k.o. Und die Moral daraus: Auch ein bekanntes Testimonial kann eine Me-too-Strategie nicht retten.

Auch Schöller (jetzt Nestlé Schöller) beschwört seit Jahren, dass man wahrscheinlich das beste Eis der Welt sei. Nur so kann man nicht gegen einen starken Marktführer punk-

ten. In den Köpfen der Kunden ist sicher Eskimo (in Österreich) bzw. Langnese (in Deutschland) das bessere Eis. Diese
Einstellung kann man nicht mit Werbung ändern. (Oder haben Sie Ihre Einstellung geändert?) Nestlé hätte, statt die
Marke Schöller zu kaufen, eine neue Kategorie mit einer neu-
en Marke schaffen sollen.

Sympatex wiederum hatte mit „macht jedes Wetter netter"
sicher eine tolle kreative und emotionale Werbekampagne.
Nur änderte es nichts daran, dass Gore-tex das Echte und
Wahre in den Köpfen der Kunden ist und bleibt.

Werbeagenturen argumentieren bei solchen Kampagnen
gerne mit dem Faktor „Emotion". Sie betonen, dass Kunden
nicht rational, sondern emotional (ein)kaufen. Und ich stimme dem – mit einer wesentlichen Einschränkung – zu. Die
Emotion muss in der Marke liegen. Emotionale Werbung
macht noch lange keine emotionale Marke. Genau an diesem
Punkt scheitern diese Me-too-Strategien, egal wie clever und
kreativ die Werbung ist.

Dazu ein interessantes Beispiel aus dem heiß umkämpften Markt für Mobiltelefone: So ergab vor einigen Jahren eine
Studie einer namhaften internationalen Unternehmensberatung, dass Siemens gegenüber Nokia einen starken Nachhol-
bedarf bei der Loyalität habe und dass für den Aufbau von
Loyalität vor allem emotionale Eigenschaften notwendig sind.

Dies dürfte wohl ein Mitgrund dafür gewesen sein, dass
Siemens Mobile auf die „be inspired"-Kampagne setzte, um
die Marke zu emotionalisieren, die dann wieder durch die
eher rationale „designed for life"-Kampagne abgelöst wurde.
Nur beide Ansätze funktionierten nicht, weder der emotiona-

le noch der eher rationale. Warum? Siemens hatte bei Handys nie ein Werbeproblem. Siemens hatte immer ein Branding-Problem. Nokia gilt als das Echte und Wahre bei Mobiltelefonen. Siemens Mobile ist nur eine Kopie. Und dieses Problem lässt sich weder durch geile Produkte noch durch geile Werbung lösen. Dieses Problem lässt sich nur mit einer besseren Marken- und Positionierungsstrategie lösen. (Vielleicht macht es der neue Eigentümer BenQ in Zukunft besser, nachdem Siemens diese Sparte erst kürzlich verkauft hat?)

Wie man ein solches Problem richtig löst, zeigt das Beispiel IBM-Drucker. Diese waren immer nur weitere Drucker unter vielen, die noch dazu ein Computererzeuger nebenbei herstellte. Diese Wahrnehmung hat sich massiv geändert, seit IBM-Drucker Lexmark heißen. Hier wurde das Branding-Problem erfolgreich gelöst.

Spielen Sie nicht „Marketing-Roulette"

Speziell für Nicht-Marktführer gilt: Es macht keinen Sinn, wenn man Jahr für Jahr die Werbeagentur wechselt, um endlich die eine kreative und emotionale Kampagne zu finden, die die eigene Marke aus dem Schattendasein zum Erfolg führt. Dieses Spiel nennen wir „Marketing-Roulette" und es funktioniert so gut wie nie. Die meisten Marken, die sich in Schwierigkeiten befinden, benötigen keine bessere Werbung, sondern vor allem und zuerst eine bessere Marken- und Positionierungsstrategie.

Nehmen Sie Wilkinson Sword! Jahrelang attackierte man Gillette mit Me-too-Produkten und kreativer Werbung. „So scharf, dass sie hinter Gitter müssen", tönte es in der Werbung. Erst vor kurzem sah man das Licht am Ende des Tunnels. Mit dem Quattro wurde man zum Echten und Wahren bei 4 Klingen. Jetzt wird es wieder spannend, wenn Gillette Anfang 2006 mit dem Fusion, dem ersten 5-Klingen-Rasiersystem kontern wird.

Naturgesetz Nr. 5:
Evolution, nicht Revolution zur Markenpflege

Wenn eine Marke durch Divergenz in den Köpfen der Kunden entstanden ist, dann muss man diese hegen und pflegen. Die Devise muss dabei „Evolution, nicht Revolution" lauten. Aus diesem Grund setzt BMW seit über 35 Jahren auf den Claim „(Aus) Freude am Fahren". Das ist bei BMW weit mehr als nur ein Slogan, es ist die grundlegende Markenphilosophie, die sich in allen Facetten der Marke widerspiegelt, von der Forschung & Entwicklung über die Produktpolitik bis hin zu PR und Werbung. BMW ist durch und durch Fahrfreude.

Das heißt: BMW setzte zuerst in den 60er Jahren auf Divergenz, indem man das Oberklassesegment bei Automobilen in Fahrkomfort (Mercedes-Benz) und Fahrfreude (BMW) teilte. Seit damals setzen die Münchner Autobauer auf Evolution, um diese Position (Fahrfreude) in Worten und Werken auf dem Markt immer wichtiger und folglich BMW immer erfolgreicher zu machen.

Erst Divergenz, dann Evolution

Das Muster „Zuerst Divergenz, dann Evolution" zeichnet erfolgreiche Marken aus: So setzt Marlboro seit den 50er Jahren als erste „nur-maskuline" Zigarette auf Marlboro-Country. (Vorher hatte man es erfolglos als feminine Marke probiert. Die Geschlechtsumwandlung brachte den Erfolg.)

Red Bull ist seit 1987 der Original-Energydrink, der „Flüüügel verleiht". Nivea ist seit Menschengedenken pflegend, sanft und blau.

Diese Marken waren einmal im Sinne von Divergenz kreativ und sind seitdem im Sinne von evolutionärer Weiterentwicklung konsistent. Das ist wichtig. Nehmen Sie die Geschichte von Fisherman's Friend! Diese Marke teilte den Markt in „scharfe" und „weniger scharfe" Pfefferminzbonbons. Passend dazu entwickelte die damalige Werbeagentur eine brillante Kampagne. „Sind sie zu stark, bist du zu schwach", brachte die Positionierung der Marke auf den Punkt.

Dann überzeugte anscheinend eine andere Werbeagentur das Management mit einer kreativeren Idee. „Effect you" wurde das neue Kampagnenthema (Revolution statt Evolution). Dazu kamen noch weniger scharfe Sorten und schon hatte die Marke den Fokus und den Schwung verloren. Jetzt ist man bei Fisherman's Friend auf der Suche nach der nächsten großen kreativen Kampagne. Unsere Empfehlung: Stoppt die Suche! Kehrt zur „Sind sie zu stark, bist du zu schwach"-Kampagne zurück! Noch besser wäre es gewesen, diese Kampagne erst gar nicht abzusetzen.

Aber so ist der Lauf der Dinge. Jeder neue Manager, egal ob Geschäftsführer, Marken- oder Produktmanager, will Zeichen setzen. Das gilt auch für jeden Agenturwechsel. Hier müssen sich die handelnden Personen in den Dienst der Marke stellen. Diese gilt es evolutionär weiterzuführen. Dies musste man auch bei Masterfood erkennen. Jahrelang hieß es: „Katzen würden Whiskas kaufen". Kürzlich wurde dieser

Slogan in „Katzen kennen den Unterschied" geändert. Jetzt heißt es wieder: „Katzen würden Whiskas kaufen".

Heißt das, dass man nie etwas ändern darf? Nein! Unbedingt ändern sollte man dann etwas, wenn die Marke im unprofilierten Mittelfeld steckt, denn dann ist die grundlegende Strategie und die Umsetzung zu hinterfragen. Ändern kann man auch dann etwas, wenn die Kunden diese Änderung als logische, sprich evolutionäre Weiterentwicklung der Marke wahrnehmen. So könnte zum Beispiel jetzt Dr. Best die eigene Erfolgsgeschichte fortschreiben, indem man sich als Marktführer positioniert. Dazu müsste das Grundmuster in der Werbung gleich bleiben. Nur der Slogan würde dann die Führungsposition kommunizieren.

Markenführung erfordert sehr viel Fingerspitzengefühl, denn jede Änderung muss im Sinne der Marke sein. Das gilt natürlich nicht nur für die Kommunikation. Das gilt für jeden Bereich, von der F&E über die Produktpolitik bis hin zur Kommunikation, denn radikale Veränderungen verunsichern in der Regel die Kunden. Und Verunsicherung ist genau das Gegenteil von dem, was eine Marke sein sollte, nämlich die sichere Entscheidung.

Was bei Verunsicherung passieren kann, zeigt sehr gut das Desaster von Fairy Ultra in Deutschland! Fairy Ultra wurde in Deutschland zu einer starken Marke, indem man – bewusst oder auch unbewusst – auf die Urkraft der Divergenz setzte. So teilte Fairy den Markt in herkömmliche Spülmittel und in Kompaktspülmittel. Als kleines Wunder gegen Fett wurde man schnell zu einer erfolgreichen Marke.

Aber statt auf Evolution zu setzen, setzte man auf „globale Markengleichmacherei-Revolution". Weil Fairy Ultra in den USA und in vielen anderen Märkten Dawn heißt, entschied man bei Procter & Gamble, dass man die Marke auch in Deutschland umbenennen sollte. Firmen- statt Markenorientierung dürfte die Devise gelautet haben. Die Folge: Man verlor massiv Marktanteile und heute heißt Fairy Ultra wieder Fairy Ultra. Und die Moral? Never change a winning team!

Anders ausgedrückt: Starke Marken sind nur einmal wirklich kreativ, nämlich dann, wenn es um die eine erste Idee geht, die den Markt zu den eigenen Gunsten teilt. Ab diesem Augenblick sollte eine Marke auf Evolution setzen und jede radikale Änderung vermeiden. Damit kommen wir zu einer, wenn nicht zu der Gefahr in der Markenführung, nämlich dem „kreativen Anruf".

Neu über Kreativität denken

Für nachhaltigen Markt- und Markenerfolg ist es erforderlich, neu über Kreativität zu denken. Kreativität ist heute die „Erfolgszutat Nr. 1" in der Marken- und Marketingwelt, wenn es nach den meisten Werbeagenturen geht. Frei nach dem Motto: Wie können wir Jahr für Jahr mit noch kreativeren Ideen punkten?

So können Sie sich sicher sein, dass jeden Tag irgendeine Agentur bei Red Bull anruft, um eine noch kreativere Kampagne für Red Bull entwickeln zu dürfen. Schlimmer noch: Viele werden anrufen und sagen: „Wir haben eine noch kreativere Kampagne für Red Bull bereits im Talon." Aber sollte deswegen Red Bull seine Kampagne ändern? Nein!

Genau in diese Falle tappte, wie bereits erwähnt, Fisherman's Friend, als die „Sind sie zu stark ..."-Kampagne von der „Effect you"-Kampagne abgelöst wurde. Oder nehmen Sie Duracell! Mit einer brillanten Kampagne rund um das Duracell-Häschen und den Slogan „hält entscheidend länger als herkömmliche Zink-Kohle-Batterien" wurde man zu der Batterienmarke Nr. 1.

Dann kam – wie wir befürchten – der kreative Anruf einer Werbeagentur und die Kampagne wurde auf „Duracell Power" geändert. Schon war das Häschen in Pension und der Schwung draußen. Heute ist das Häschen wieder reaktiviert und der neue, fast alte Slogan lautet: „hält vier Mal länger als herkömmliche Zink-Kohle-Batterien". Bleibt auch hier die Schlüsselfrage: Warum wurde die Kampagne überhaupt geändert?

Markenkommunikation hat 2 Aufgaben: (1) Neukundengewinnung und (2) Stammkundenbestätigung. Für die Werbung heißt das: Diese sollte vor dem Kauf dieselbe sein wie nach dem Kauf. Das heißt nicht, dass man den Werbespot niemals ändern darf. Das heißt, dass Grundthema und Kommunikationsmuster nicht geändert werden sollten.

Red Bull hat seit 1987 viele verschiedene Spots eingesetzt, aber das Grundthema und das Muster sind noch immer gleich. Das gilt ebenso für BMW (Freude am Fahren), Marlboro (Marlboro Country), Dr. Best (Tomatentest), Audi (Vorsprung durch Technik), Milka (lila Kuh), Cetebe (Zeitperlen) und weitere erfolgreiche, weil evolutionär weiterentwickelte Marken.

Es geht heute darum, zuerst einmal die eine kreative Idee für die Marke zu finden, die den Markt zu den eigenen Gunsten teilt, um dann einmal das Kommunikationsmuster für die Zukunft festzulegen. Die Devise der Erfolgreichen: Starke Marken bestehen, kreative Kampagnen kommen und gehen!

Typisches Beispiel, wie man es nicht machen sollte, ist, besser gesagt war die „How Fa will you go"-Kampagne von Fa. Vor zwei Jahren wurde diese Kampagne als der große kreative Durchbruch gefeiert. Kürzlich wurde sie eingestellt. Was für ein kreativer Durch- oder besser Einbruch?!

Die brutale Wahrheit hinter den meisten „kreativen Durchbrüchen", die kommen und gehen, lautet: Niemand (außer vielleicht ein paar Werbekreative auf der Suche nach der nächsten großen kreativen Idee) interessiert sich heute für die Sieger von Cannes von 2002, 2003, 2004 oder den Jahren davor oder danach. Die Spots kommen und gehen. Aber BMW steht seit über 35 Jahren für Fahrfreude und Audi seit über 25 Jahren für „Technik". Können Sie sich an einen konkreten Spot von BMW oder Audi im Jahr 2004 oder 2005 erinnern? Das ist auch nicht wichtig, solange diese Spots die Markenposition in den Köpfen der Kunden bestätigt und verstärkt haben.

Nur statt konsequent auf Evolution zu setzen, um die eigene Idee und folglich die eigene Marke stärker zu machen, versuchen viele Unternehmen mit ihrem guten Markennamen in neue Kategorien vorzudringen. Dies kann aber extrem negative Folgen haben, wenn cleverere Konkurrenten auftauchen, die die Dynamik der Märkte wirklich verstehen.

Naturgesetz Nr. 6:
Divergenz findet immer statt

Divergenz ist nicht nur die große Chance, neue marktdominierende Marken zu bauen. Divergenz ist auch die große Gefahr für bestehende Marken. Und Divergenz passiert laufend, wobei vor allem drei Arten von Marken betroffen sind:

- Marken, die von Anfang an sehr breit positioniert sind,
- Marken, die generell auf Divergenz mit Markenausweitung, egal ob brand- oder line-extension, reagieren,
- Marken, die am Zenit stehen, deren gesundes Wachstumspotential ausgeschöpft ist.

Sehen wir uns im Folgenden alle drei Arten von bedrohten Marken im Detail an:

(1) Marken, die von Anfang an sehr breit positioniert sind:

Typisches Beispiel dafür waren und sind, wie bereits eingangs erwähnt, die traditionellen Großkaufhäuser. So kämpft gerade Karstadt ums Überleben. Und laut Wirtschaftswoche vom 14. Juli 2005 sieht die Lage bei Kaufhof nicht wesentlich besser aus: „Das Kaufhaus – in den Sechziger- und Siebzigerjahren die wachstumsstärkste Betriebsform des westdeutschen Handels – hat seinen Zenit überschritten."

Das heißt: Ganz egal, wie erfolgreich ein Unternehmen oder auch eine Branche einmal war, wenn der Markt anfängt zu divergieren, helfen die Erfolge von früher wenig. Viele Unternehmen scheitern, weil sie zu lange an „Erfolgsstrategien der Vergangenheit" festgehalten haben. Oder wie es Peter Drucker einmal auf den Punkt brachte: „Viele Unternehmen opfern ihre Zukunft auf dem Altar der Vergangenheit."

Das Gleiche passiert auch in sehr jungen Märkten, die gerade am Anfang ihres Wachstums stehen. Hier positionieren sich viele Unternehmen und Marken oft viel zu breit. Aktuelles Beispiel dafür ist der Markt für Biomasseheizungen. Da der Markt (noch) klein ist, positionieren sich viele Unternehmen jetzt als Anbieter von Biomasseheizungen aller Art, egal ob Hackschnitzel-, Pellets- oder herkömmliche Holzheizung. Kurzfristig mag dies logisch erscheinen, langfristig aber wird sich der Markt weiter aufteilen. Und dann werden wir in jedem Bereich eine führende Marke haben. In Schwierigkeiten werden alle Marken kommen, die heute zu breit positioniert wurden.

Genau das passierte auch dem größten Unternehmen der Welt des Jahres 1900, International Harvester. Im Laufe der Zeit erreichte dieses Unternehmen als „Mechanisierungsspezialist" die Marktführerschaft in drei Industrien, bei Landmaschinen, bei Baumaschinen und bei Lastwagen. Noch 1954 war International Harvester das 22-größte Unternehmen in der Fortune-500-Liste, größer als die führenden Spezialisten John Deere, Caterpillar und Pacific Car & Foundry (heute Paccar) in den drei Geschäftsbereichen zusammengenommen.

Ab dann ging es abwärts. Die führenden Spezialmarken setzten sich langsam, aber sicher und unaufhaltsam auf dem Markt durch, da sie als Spezialisten eine höhere Qualitätseinschätzung erhielten als der Generalist International Harvester. Vor allem können Spezialisten in der Regel ihre Innovationen besser verkaufen als Generalisten, weil sie weniger Vielfalt haben, diese dafür aber besser präsentieren können.

Das ist auch das Problem von Sony. Können Sie sich wirklich konkret an eine Innovation von Sony in den letzten Jahren erinnern? Bei Sony gehen die Innovationen in der Menge der Innovationen einfach unter. Einzige echte Ausnahme ist die Playstation, weil diese im Sony-Konzern als eigene Marke mit wenigen, dafür extrem starken Innovationen geführt wird. So gelang der Durchbruch als erste 32-Bit-Playstation im Kampf um Marktanteile gegen Nintendo Gameboy (8 Bit) und Sega Gamegear (16 Bit). Divergenz in Aktion!

Zusätzlich erhöht sich die Gefahr, dass man als breit aufgestellter Konzern wichtige Innovationen in Schlüsselmärkten übersieht. So wurde bei Sony etwa der iPod von Apple übersehen. Dabei hätte diese Innovation ideal zum Erfinder des Walkmans gepasst.

Auch British-Petroleum (jetzt bp) begibt sich heute auf einen gefährlichen Pfad, indem man sich anscheinend vom Erdölkonzern zum integrierten Energiekonzern wandeln will. So steht das Konzernkürzel bp jetzt wie im aktuellen Slogan für „beyond petroleum". In der Werbung präsentiert man sich jetzt u. a. als Europas Nr. 1 in der Solarenergie. Die Strategie, „mehrere Standbeine im Energiegeschäft zu besetzen", mag richtig sein, aber die Brandingstrategie, dies alles unter der

Marke bp realisieren zu wollen, verurteilt diese Strategie – langfristig betrachtet – zum Scheitern.

Dasselbe gilt für die Strategie der Deutschen Post, DHL global zum integrierten Logistikkonzern zu machen. Es erinnert an das Libro-Desaster in Österreich, als man vom Büro- und Papierdiscounter zur Infotainment-Company mutierte. Zu breite Definitionen des eigenen Geschäfts sind in der Regel der Anfang vom Ende, wie DaimlerBenz als „integrierter Mobilitätskonzern" unter Edzard Reuter „erfahren" musste. Und auch die vermeintliche Welt AG von Jürgen Schrempp stand und steht unter keinem guten Stern. (Wo wäre Mercedes-Benz heute, wenn es seine Kräfte ausschließlich auf prestigeträchtige, teure Autos fokussiert hätte?)

So müssen heute auch Elektronikkonzerne wie Sony und Samsung vorsichtig sein, die hoffen, dass die digitale Welt im Zeichen von Konvergenz zu einer Einheit verschmilzt, und sich dementsprechend breit positionieren. (Vielleicht wird es Samsung noch einmal schwer bereuen, dass es nicht die Gunst der Stunde genutzt hat, um sich global als die Alternative bei Handys gegen Nokia zu positionieren? Divergenzdenken statt Konvergenzdenken!)

Wo wäre Compaq heute, wenn man sich in den 80er Jahren als Laptop-Spezialist positioniert hätte? Unsere Antwort: Dann wäre Compaq heute weltweit die Nr. 1 bei Notebooks und eines der erfolgreichsten und profitabelsten Computerunternehmen der Welt. Und nicht eine schwache Subbrand bei Hewlett-Packard.

(2) Marken, die auf Divergenz generell mit Markenausweitung reagieren:

Vor etwas mehr als 100 Jahren erfand Colgate die moderne Zahnpasta. Damals hatte man quasi die Wahl zwischen Zahnpasta oder keiner Zahnpasta. Heute sieht dies – dank Divergenz – ganz anders aus. Heute haben wir Zahnpasta gegen Karies, gegen Parodontose, für schmerzempfindliche Zähne, für empfindliches Zahnfleisch, für morgens und abends, mit Dreifach-Schutz, mit natürlichen Zutaten, mit Microgranulaten, mit Extra-Zuckerschutz, gegen Zahnverfärbungen, für frischen Atem, für Kinder, für Menschen über 40 und mehr wird kommen. Heute haben wir die Qual der Wahl. Zusätzlich wird diese durch immer neue Eigenmarken bei Zahnpasten verstärkt. Das ist das typische Muster, wie sich ein Markt – bedingt durch die Kreativität der Menschen – im Laufe der Zeit auseinander entwickelt.

Wie reagieren die meisten Unternehmen auf diese Entwicklung? Richtig! Die herkömmliche Reaktion lautet: Der Markt segmentiert sich. Wir müssen mit neuen Sorten und Varianten diesen Bedürfnissen gerecht werden. Und schon wird aus einer speziellen Marke mit einer klaren Position in den Köpfen der Kunden eine weitere Allerwelts-Marke.

Nehmen Sie Blend-a-med! Mit einer wahren Sortenoffensive mutierte man vom Spezialisten gegen Zahnausfall zu einer weiteren bekannten Marke mit vielen Sorten. So fiel der Marktanteil in Deutschland von über 20 % auf zeitweise unter 10 %, während die klar positionierten Spezialisten, wie

Odol Med 3 (3-fach-Schutz), Elmex und Aronal (morgens und abends), Meridol (empfindliches Zahnfleisch) und Sensodyne (schmerzempfindliche Zähne) massiv zulegten. Divergenz bei der Arbeit!

Um besser zu verstehen, worum es wirklich geht, sollten wir dazu einen Blick in die Köpfe der Kunden werfen. Noch heute können sich viele an den Slogan „Damit Sie auch morgen noch kraftvoll zubeißen können" und an das Schlüsselbild vom Apfel (zuerst mit Blut und dann ohne) erinnern. Damals war Blend-a-med als die Zahnpasta gegen Parodontose bzw. Zahnausfall die führende Zahnpastamarke schlechthin. Die Leute wussten, warum es unbedingt eine Blend-a-med sein musste.

Aber wofür steht Blend-a-med heute in den Köpfen der Kunden? Das hängt davon ab. Viele können sich noch an die alte Blend-a-med erinnern. Für sie ist Blend-a-med oft auch heute noch klar positioniert. Kunden lernen ungern um. So ist für viele Mars immer noch „Mars macht mobil bei Arbeit, Sport und Spiel" und Ariel ist „Klementine".

Aber es wachsen immer neue potentielle Kunden nach, die diese Zeit nicht mehr erlebt haben. Für sie ist Blend-a-med bestenfalls eine weitere bekannte Zahnpasta-Marke, die viele verschiedene Sorten anbietet. Das ist keine gute Position für die Zukunft.

Beachten Sie: Bekanntheit ist nicht gleich Profit. Sony ist zwar die bekannteste Elektronikmarke dieser Welt, aber Sony ist alles andere als profitabel. So lag die Durchschnittsrendite nach Steuern der letzten 10 Jahre gerade bei einem Prozent. So denkt man heute über massiven Stellenabbau nach. Die Rede ist laut Economist (Ausgabe vom 1. Oktober 2005) von 10.000 Arbeitsplätzen weltweit.

Das Problem liegt nicht an den Produkten oder den Produktionsmethoden, obwohl es dort immer Verbesserungspotential gibt und geben wird. Es liegt in den Köpfen der Kunden. Je breiter eine Marke dort positioniert ist, desto schwerer wird es, damit wirkliche Gewinne zu erzielen. Die Marke wird vom „must have" zum „nicht schlecht, wenn der Markenname auf den Produkten und der Verpackung darauf steht". Diese (aus Marken- und Unternehmenssicht negative) Entwicklung fällt in allen Bereichen auf, wo es nur mehr breite, sich immer ähnlicher werdende Dachmarken und günstigere Eigenmarken gibt.

Markenausweitung wirkt – langfristig gesehen – wie der cw-Wert im Windkanal bei Automobilen in den 80er Jahren. Man verliert zunehmend an Profil und Profit. Dies ist gleichzeitig der ideale Nährboden für den Vormarsch der Eigenmarken.

In vielen Fällen tappen Unternehmen auch in die Markenausweitungsfalle, weil sie auf einem neuen Markt unbedingt mitmischen wollen, es aber an einer eigenen ersten Idee mangelt. Sie hoffen (gegen jede Hoffnung), wenigstens mit dem starken Markennamen punkten zu können. Dies dürfte etwa der Fall bei Sprite 3G von Coca-Cola sein. Wird man so Red Bull wirklich treffen? Nein, viel eher wird man so die eigene Marke Sprite schwächen.

Aus unserer Sicht sollte Coca-Cola das Marktsegment klassischer Energydrink abschreiben. Dieser Zug ist abgefahren. (Mit einer Ausnahme: Man könnte Red Bull zu vernünftigen Konditionen erwerben.) Stattdessen sollte Coca-Cola seine ganze Kraft darauf konzentrieren, die nächste heiße Kategorie zu entdecken und als Erster in den Köpfen der Konsumenten zu besetzen.

Und auch Nivea (zurzeit das Vorbild für gelungene Nutzung des Markenwertes) sollte vorsichtig sein. Noch ist Nivea aus zwei Gründen erfolgreich: (1) Man hat eine zentrale Idee, ein zentrales Wort, das die Marke zusammenhält, nämlich das Wort „Pflege" (siehe auch Naturgesetz Nr. 8). Dieses Attribut ist vielen Menschen bei der täglichen Körperpflege wichtig. (2) Die Konkurrenz ist dumm. Niemand nutzte bisher aktiv das Prinzip Divergenz, um Nivea fokussiert zu attackieren. (Wie lange noch?)

Das ist ein wesentlicher Punkt, der gerne übersehen wird: Marken- und Markterfolg hängt nicht nur von der eigenen Strategie, sondern immer auch von den Strategien der Konkurrenz ab. Man kann mit einer durchschnittlichen Strategie sehr lange sehr erfolgreich sein, solange die Konkurrenz auf noch schlechtere Strategien setzt. Aber irgendwann kommt der Tag.

Einst war Emery Airfreight in den USA der König der Lüfte, wenn es um Luftfracht ging. Als Marktführer bot man den Kunden jeden Service an, egal ob es um große Pakete, kleine Pakete, Lieferung zu einem bestimmten Zeitpunkt oder Overnight-Service ging. Was immer der Kunde wollte, Emery hatte es. Diese Strategie funktionierte perfekt, bis sich Federal Express als „Overnight"-Spezialist positionierte. Die Folge: Fedex stieg zum größten Luftfrachtunternehmen der USA auf und Emery ging in Konkurs. (Heute ist Emery wieder erfolgreich im Geschäft als Overnight-Spezialist für große Pakete.)

Dasselbe Bild bei Eveready! Eveready war einst der König der Batterien in den USA. Egal welche Art von Batterie man wollte, Eveready hatte die richtige. Diese Strategie funktionierte so lange reibungslos, bis Duracell sich als der Alkalibatterie-Spezialist auf dem Markt etablierte. Und der bekannte Name Eveready hatte bei Alkali gegen die neue Spezialmarke nicht den Funken einer Chance. Man war sogar gezwungen, selbst eine Spezialmarke bei Alkali, nämlich Energizer zu lancieren, um das Schlimmste zu verhindern. Heute verkauft sich Duracell trotzdem besser als Energizer und Eveready zusammengenommen.

Déjà vue? Die gleiche Geschichte wiederholt sich immer wieder. Über Generationen war Hoover die Staubsaugermarke in den USA, die es in 6 verschiedenen Basismodellen gab und gibt. Diese Strategie funktionierte perfekt, bis vor zwei Jahren Dyson mit dem ersten „beutellosen" Staubsauger auf den Markt kam und diesen mit dem brillanten Positioning-Slogan „The first vacuum cleaner that doesn't lose suction" neu aufteilte. Heute ist Dyson vor Hoover Marktführer in den USA. Die Macht der Divergenz!

Damit sollte man auch neu über das Thema Marktforschung nachdenken, wenn es um das Ausweitungspotential von Marken geht. Denn diese Art der Marktforschung zeigt in der Regel nur das, was sich Kunden zurzeit unter den gegebenen Bedingungen für Produkte unter einer Marke vorstellen können. Was diese Art der Marktforschung nicht verrät, ist, wie clevere Konkurrenten darauf reagieren können. Aber genau dort lauert die Gefahr! Blend-a-med wäre immer noch der König der Zahnpasten, wenn nie die Spezialisten aufgetaucht wären.

So ist der Lauf der Dinge: Große, etablierte Unternehmen setzen in der Regel auf die Macht der etablierten Marken, um allen und jeden zu erreichen. Unternehmer setzen (oft auch notgedrungen) auf die Macht der Divergenz, um die Regeln zu brechen und um so neue starke Kategorien und Marken zu bauen.

So waren es nicht die Coca-Cola-Company oder PepsiCo., die den ersten Energydrink lancierten. Das war Dietrich Mateschitz mit der Marke Red Bull. So waren es nicht Lufthansa, British Airways oder Air France, die die erste Diskontfluglinie Europas lancierten. Das war die Familie Ryan.

(3) Marken, die am absoluten Zenit stehen:

Dies trifft heute etwa auf Coca-Cola in Europa oder in den USA zu. In diesen Märkten ist es extrem unwahrscheinlich, dass der Pro-Kopf-Verbrauch an Cola und folglich Coca-Cola steigen wird. Viel wahrscheinlicher ist, dass immer neue Produktkategorien und folglich auch neue Marken entstehen werden, die Coke ein Stück vom Cola-Kuchen wegnehmen.

Was tun? Line extensions à la Coke mit Vanillegeschmack oder einem Schuss Zitrone mögen vielleicht kurzfristig - Verluste ausgleichen und so den Schmerz lindern. Langfristig gesehen hat Coca-Cola aber nur eine und damit keine Wahl. Es muss neue Kategorien mit neuen starken Marken kreieren oder zukaufen, wie dies etwa PepsiCo. zurzeit in den

USA sehr erfolgreich macht. So besitzt PepsiCo. heute die Marken Aquafina (das führende Wasser der USA), Mountain Dew (die Nr. 1 bei koffeinhaltigen Citruslimonaden), Gatorade (das Sportgetränk Nr. 1) und Snapple (das beliebteste natürliche Fruchtgetränk). Bei PepsiCo. hat man erkannt, dass man in divergierenden Märkten nur mit neuen starken Marken in neuen Kategorien als Unternehmen nachhaltig und gesund wachsen kann. (Siehe auch die Naturgesetze 10 und 11).

Aber statt neue Kategorien und folglich neue marktführende Marken aufzubauen, versuchen viele Konzerne lieber das letzte Quäntchen Wachstum aus den bestehenden Marken herauszupressen. Nur ist man so – langfristig gesehen – doppelt im Nachteil. Nachteil 1: Es kostet enorme Ressourcen, aus einer Marke das letzte Quäntchen Wachstum herauszupressen. Ressourcen, die man besser einsetzen könnte. Nachteil 2: Die Konkurrenz baut in der Zeit neue Kategorien mit neuen marktführenden Marken, die den Marken am Zenit das Leben noch schwerer machen.

Diese Erfahrung macht gerade auch McDonald's in den USA. So will man sich jetzt von *der* Hamburgermarke zu *der* gesundheitsbewussten Lifestyle-Marke weiterentwickeln, um das letzte Quäntchen Wachstum aus der Marke herauszupressen. Das ist aus unserer Sicht ein schwerer Fehler, denn die größte Bedrohung von McDonald's kommt von neuen innovativen Fastfood-Konzepten, die den Markt weiter teilen, allen voran Subway mit seinen Submarine-Sandwiches und der brillanten Werbekampagne „eat fresh". McDonald's sollte selbst mit neuen Kategorien und neuen Marken den Fastfood-Markt weiterteilen, bevor dies andere machen. (Wer zu McDonald's geht, will saftige Hamburger mit Pommes und Cola und kein schlechtes Gewissen, das ihn zu Salat und Mineralwasser greifen lässt.)

Aber es kann noch schlimmer kommen, nämlich dann, wenn die Kategorie und folglich die Marken in der Kategorie von einer neuen Kategorie „überflüssig" gemacht werden. Dies passierte etwa den Schreibmaschinen im Zeitalter des PCs. Aktuell passiert dies im Bereich Fotografie. So löst zurzeit die digitale Fotografie die analoge ab. Dieser Wandel bringt enorme Schwierigkeiten für Marken, die im analogen Bereich stark waren. So mussten Agfaphoto und Polaroid etwa Konkurs anmelden und von Leica hört man bei Kameras auch nicht viel Gutes.

In einer solchen Situation lautet die zentrale Fragestellung für das Top-Management: Sollen wir die Marke oder das Unternehmen retten? Die meisten Unternehmen entscheiden sich (leider) dafür, die bekannte Marke um jeden Preis vor dem Untergang bewahren zu wollen. Genau diesen Fehler macht zurzeit Kodak, indem es versucht, sich auch als führende Marke im Bereich Digitalkameras zu etablieren. Man will so die Marke und das Unternehmen retten.

Nur das wird aus zwei Gründen nicht funktionieren: (1) Kodak wird immer die Einschätzung haben, dass man nebenbei Digitalkameras anbietet. (2) Kodak hat in diesem Markt die schlechteste Ausgangsposition von allen ernstzunehmenden Konkurrenten. Denn warum soll sich jemand eine Digitalkamera von einem Fotofilmexperten kaufen, wenn er sich diese auch von einem Kameraexperten, wie Nikon oder einem Digitalexperten wie Sony kaufen kann?

Was tun? (1) Wir würden die Marke Kodak auch in Zukunft auf Fotofilm fokussieren, um dort „abzucashen", solange dies noch geht. (2) Wir würden dem Unternehmen empfehlen, als erstes Unternehmen der Welt eine echte Nur-Digitalkamera-Marke zu lancieren. Denn eines ist klar: Noch gibt es nicht die Marke für Digitalkameras. Das ist immer noch die große Chance für das Unternehmen Kodak. Nur: Je länger man damit zuwartet, desto schwieriger wird es.

Es gilt: Wer heute über die zukünftigen Unternehmens- und Markenstrategien nachdenkt, sollte unbedingt dieses Naturgesetz der ewigen Divergenz im Kopf haben, um die richtigen Entscheidungen für die Zukunft zu treffen.

Naturgesetz Nr. 7:
Die Dynamik der Märkte
führt zum Aussterben der Mitte

Das Zusammenspiel der Kräfte Evolution und Divergenz führt dazu, dass, langfristig betrachtet, die unprofilierte Mitte ausstirbt. Wenn ein Markt jung und heiß ist, sieht es oft so aus, dass er für viele Marken lukrativ sei. Wenn man aber Märkte sehr langfristig beobachtet, merkt man schnell, dass Märkte ganz stark den Hang zur Dualität haben. So haben wir heute Duos, wie Coke und Pepsi, Visa und Mastercard, McDonald's und Burger King, Mercedes und BMW, Playboy und Penthouse, Pampers und Fixies, Persil und Ariel, Actimel und LC 1, Spiegel und Focus, Google und Yahoo, Capital und Manager-Magazin, Boeing und Airbus, Segafredo und Lavazza, Marionnaud und Douglas, Quelle und Otto, Billa und Spar, Aldi und Lidl, Ja Natürlich und Natur Pur, Nöm-Mix und Jogurella, Bipa und dm, Kika und Lutz und viele andere.

Betrachten wir das letzte Duo! Früher hatten wir im österreichischen Möbelhandel Leiner, Kika, Lutz, Ikea, Möbel Ludwig, Michelfeit, Gröbl Möbel, Braunsberger und lokale Platzhirsche wie etwa Möbel Koll in Oberösterreich und der Obersteiermark. Heute sind Michelfeit, Gröbl, Braunsberger, Koll und viele, viele andere von uns gegangen. Die unprofilierte Mitte starb und stirbt de facto aus.

Dasselbe Bild zeigt sich im Markt für private Telefonanbieter im österreichischen Festnetz! Nach der Liberalisierung sprangen unzählige Unternehmen auf diesen Markt auf, um sich ein Stück vom freigegebenen Kuchen abzuschneiden. Heute gibt es in Österreich die Telekom Austria und Tele2/UTA, die den Markt dominieren, also den ehemaligen Monopolisten und einen privaten Herausforderer. Der Rest ist dabei, seine Hoffnungen zu begraben, oder hat sie bereits begraben, (wobei durch den Zusammenschluss von Tele 2 und UTA gerade eine neue Marktchance entsteht).

Nicht viel anders sieht es bei Diskontfluglinien aus. So gibt es alleine in Europa über 50 davon. Wer wird übrig bleiben? Ryanair und, wie es zurzeit aussieht, Easyjet. So hat Ryanair einen Marktanteil von 27 % und Easyjet von 23 % in Europa. (Nur: Easyjet muss aufpassen, dass man sich nicht mit zu vielen Easys in diversesten Branchen, wie Taxi, Sonnenstudio und kürzlich Hotels endlos verzettelt.)

Noch Mitte der 90er Jahre herrschte Goldgräberstimmung im Land der Mobiltelefone. Jeder wollte mitnaschen. Heute dominieren Nokia, Motorola und Samsung den Markt. Für den Rest sieht die Zukunft definitiv nicht rosig aus. So hat kürzlich Siemens – nach jahrelangen Durchhalteparolen – endgültig das Handtuch geworfen. Umso verwunderlicher ist es, dass es in Zukunft ein Grundig-Handy geben sollte. Wenn es Philips und Siemens nicht geschafft haben, wie sollte es dann ein Handy unter der Marke Grundig schaffen?

Erinnern Sie sich noch, wie die probiotischen Joghurts und Joghurtdrinks dank Actimel und LC 1 so richtig durchstarteten? Damals sprang so gut wie jede Molkerei auf den Zug auf. Ehrmann probierte es sogar zweimal, zuerst mit Daily Fit und dann mit Daily Plus. Beide Male mit den vorhersehbaren Resultaten. Me-too-Marken haben heute wenig Aussicht auf Erfolg.

Geschäft vs. Hobby

Nicht umsonst meinte der amerikanische Marketing-Guru Larry Light: „Nummer-3- und Nummer-4-Marken sind Hobbys, aber keine Geschäfte." Stimmt! Wer braucht wirklich eine Moltex-Windel, wenn es Pampers, Fixies und die billigeren Eigenmarken der Supermärkte gibt? Wer braucht wirklich Fissan-Babypflege, wenn es Nivea, Penaten und die billigeren Eigenmarken der Supermärkte gibt? Wer braucht bei klassischen Zahnpasten wirklich Lacalut, wenn es neben Blend-a-med, Mentadent C und Colgate noch die vielen Spezialisten (Elmex, Aronal, Meridol, Sensodyne...) und die Eigenmarken gibt?

Speziell die Mundpropaganda – die bekanntlich beste Werbung – verstärkt diesen Hang zur Dualität. So haben die beiden führenden Marken in der Regel die meisten Benutzer und die meiste Mundpropaganda. Die meisten Mütter und Krankenschwestern empfehlen eben Pampers oder Fixies.

Zusätzlich verstärkt wird diese Tendenz zur Dualität noch durch die Vertriebskanäle. Diese haben einfach zu wenig Platz für alles und jeden. Wenn eine Supermarktkette Red Bull als führenden Energydrink einlistet, wird u.U. die Limonade Nr. 5 ausgelistet. Wenn der Markt für Espresso wächst, wird es für herkömmliche Kaffeemarken im unprofilierten Mittelfeld eng. Dies sollte auch Alvorada in Österreich bedenken. Die derzeitige Positionierung als „österreichischer Kaffee" dürfte für die Zukunft zu schwach sein, um als echte Alternative wahrgenommen zu werden. Was tun? Alvorada könnte sich als der „starke Österreicher" positionieren. Werbethema: „Wenn schon Kaffee, dann richtig stark". Motto dahinter: Lieber ein großer Fisch in einem kleinen Teich, als ein kleiner Fisch in einem großen Teich, in dem es vor großen Fischen nur so wimmelt.

Divergenz als Me-too-Killer

Dies zeigt auch ganz deutlich der Markt der bunten Palette bei Milchprodukten in Österreich. Hier bestehen die Top-10-Marken (Quelle Cash, Juni 2005, S. 102) nur mehr aus Marktführern:

Auf Platz 1 liegt Actimel, der führende probiotische Joghurtdrink, auf Platz 2 folgt Nöm-Mix, das führende Fruchtjoghurt, auf Platz 3 liegt Danone Topfencreme, die führende Topfenjoghurtcreme, auf Platz 4 ist Lattella, der führende Fruchtmolkedrink, auf Platz 5 kommen Fruchtzwerge, das führende Kinderfruchtjoghurt, dann folgen Obstgarten, das führende Dessert, Dany & Sahne, der führende Fertigpudding, Vitalinea, das führende 0-%-Fruchtjoghurt, Tiroler Fruchtjoghurt, das führende Fruchtjoghurt, aus Tirol und auf Platz 10 Landliebe Pudding, der führende Premium-Fertigpudding mit viel Liebe vom Land.

Auf den ersten 10 Plätzen findet man nicht eine Me-too-Marke. Sie finden nur Marktführer. Diese Dynamik finden Sie in jedem Markt. Je älter ein Markt wird, desto mehr neue Teilkategorien bzw. Teilmärkte mit neuen Marktführern entstehen. Auf der Strecke bleiben die Me-too-Marken. Für diese wird es im Laufe der Zeit verdammt eng in den Köpfen der

Kunden und in den Regalen der Supermärkte. So erkannte Danone klar, dass ein weiteres Fruchtjoghurt wenig Chancen auf Erfolg haben würde. Also lancierte man die erste Topfenjoghurtcreme. Die Belohnung: Heute liegt man in der bunten Palette auf Platz 3 hinter Actimel und Nöm-Mix.

Aber statt in neuen Kategorien zu denken, denken die meisten Markenverantwortlichen immer noch in Marktanteilen. Typische Frage: Welchen Marktanteil können wir von einem bestehenden und hoffentlich wachstumsstarken Markt erobern? Und schon ist das nächste Me-too-Angebot – egal ob unter einer neuen Marke oder unter dem Dach einer bekannten Marke – geboren. Früher waren Fruchtjoghurts der Wachstumsmarkt in der bunten Palette. Also lancierte jede Molkerei ein Fruchtjoghurt, um ein wenig vom Markt mitnaschen zu können. Heute wird es für die meisten dieser Me-too-Angebote furchtbar eng, in den Köpfen der Kunden und in den Regalen. Die Zukunft gehört definitiv den Marken, die ihre Kategorien dominieren.

Kategorie- statt Me-too-Denken

Nehmen Sie Hela in Deutschland! Bei Hela erkannte man frühzeitig, dass ein weiteres Ketchup gegen Marken wie Heinz, Kraft, Develey, Livio, Thomy und die vielen Eigenmarken wenig Chancen auf Erfolg hat. Also teilte man den Markt in herkömmliches Ketchup und in Gewürzketchup. Bei Gewürzketchup ist man die klare Nr. 1. Dasselbe tat Illy bei Espresso. Statt Lavazza und Segafredo frontal zu attackieren, positionierte man sich als Italiens erster Premiumespresso. Im Gegensatz zu Alpia und Co., die Milka kopierten, schuf sich Ritter Sport eine eigene Kategorie über die Form und den Slogan „quadratisch, praktisch, gut". Kinderschokolade wiederum profilierte sich über den Fokus auf Kinder. „Mehr Milch, weniger Kakao" brachte diese Positionierung auf den Punkt. Und Lindt ist weltweit führend in der Premiumkategorie bei Schokolade.

Anders das Deutsche Industriemagazin! Diese Zeitschrift war einst – wie der Name signalisierte – die klare Nr. 1 als Spezialmagazin für die Industrie. Aber man war anscheinend intern mit dieser Position unzufrieden. Daher tauften die Verantwortlichen das Magazin in Top-Business um, um dann frontal gegen Capital und Manager-Magazin anzutreten. Auf der Strecke blieb dabei Top-Business, das mangels Erfolg eingestellt wurde. Auch hier lautet die Moral: Besser eine starke Nr. 1 in einem kleineren Markt als eine schwache Nr. 3 in einem großen Markt.

Wichtig dabei: Auch wenn Sie bewusst auf den zweiten Platz in einem Markt abzielen, genügt es nicht, den Marktführer einfach zu kopieren. Vielmehr müssen Sie versuchen, das eine Alternativprogramm zum Marktführer zu finden und zu etablieren. Mercedes war in den 60er und 70er Jahren der Inbegriff für „Fahrkomfort". Also setzte BMW genau auf die gegenteilige Position, nämlich auf „Aus Freude am Fahren".

Tic Tac war bis vor kurzem die Nr. 1 bei Pfefferminzbonbons in den USA mit der Idee „milde Frische". Also setzte der Herausforderer Altoids genau auf die gegenteilige Position, nämlich auf „extra-scharf". Oder wie es auf der Verpackung lautet: „The Original Celebrated Couriously Strong Peppermints". Hier ist die Verpackung gleichzeitig auch Träger der Positionierung und des Positionierungsslogans. Keine schlechte Idee!

Oder kommen wir noch einmal zu Dyson bei Staubsaugern. Vor Dyson waren alle Staubsauger mit Beutel. Dyson machte genau das Gegenteil. Er setzte auf „beutellose" Staubsauger mit coolem statt eintönigem Design. So wurde Dyson zu der Alternative im Staubsaugermarkt und enorm erfolgreich.

Dasselbe Prinzip gilt auch im Land der Erotikstars. In den 70er Jahren wurde Silvia Kristel mit ihren Emanuelle-Filmen zu dem Erotik- bzw. Softpornostar. Wer wurde die große Herausforderin? Keine der Kopien! Die Herausforderin Nr. 1 wurde Laura Gemser. Sie setzte genau auf die gegenteilige Position oder Idee, nämlich „Black Emanuelle".

Im Branding lautet die Erfolgsdevise „schwarz oder weiß". Für die graue Mitte sieht die Zukunft definitiv düster aus. Damit kommen wir zum achten Gesetz.

Naturgesetz Nr. 8:
Die Dynamik der Märkte erfordert klare Fokussierung

Wenn man diese Tendenzen (Divergenz, Evolution) im Kopf hat, dann ist klar, dass man sich eindeutig fokussieren und positionieren muss. Sie müssen heute festlegen, wo der Zukunftsfokus Ihrer Marke(n) liegt, um a) nicht im unprofilierten Mittelfeld zu landen, und um b) sich nicht in der ewigen Divergenz zu verzetteln. Es gilt klar zu entscheiden, mit welcher Idee man welchen Markt dauerhaft dominieren will.

Mehr noch: Man muss diesen Fokus, diese Idee auch in den Köpfen der Kunden positionieren, denn nur und nur dort fällt die Entscheidung, was, wann, wo und wie oft gekauft wird. Im Idealfall lässt sich daher der Fokus einer Marke auf ein zentrales Schlagwort reduzieren. Das bestätigen auch die großen Markenerfolge. Nicht umsonst meint Al Ries: „The most powerful concept in business today is owning a word in the mind."

MARKE	FOKUS
BMW	Fahrfreude
Audi	Technik
Dr. Best	nachgebend
Krombacher	Felsquellwasser
Barilla	„italienische" Pasta
Zotter	„handgeschöpfte" Schokoladekreationen
Wick Medinait	Nacht

Dove	1/4 Feuchtigkeitscreme
Red Bull	Energydrink
Dell	PC-Direktvertrieb
Amazon	Internetbuchhandlung
eBay	Internetauktionshaus
Gore-tex	atmungsaktiv
Dyson	beutellos

Dies ist der ultimative Weg, um in diesem Umfeld gehört, gesehen und gekauft zu werden. Verstehen Sie mich nicht falsch! Es geht dabei nicht um die Werbebotschaft. Es geht um die Essenz der Marke, die sich dann auch in der Werbebotschaft widerspiegeln sollte.

Die Essenz der Marke

Die Essenz der Marke BMW lautet „Fahrfreude". Die Essenz der Marke Volvo lautet „Sicherheit". Die Essenz der Marke Kaffee Hag lautet „koffeinfrei". Diese Marken besitzen ihren Markt im wahrsten Sinne des Wortes. Folglich werden Sie auch als Synonym für ihren Markt und als das Echte und Wahre wahrgenommen. Dieses Prinzip gilt für jede Marke, egal ob Consumer-Brand, Business-to-Business-Brand, egal ob Produkt oder Dienstleistung, egal ob Person oder auch Business-School.

So veröffentlichte BusinessWeek (Ausgabe vom 18. Oktober 2004) die Top-Business-Schools der USA. Nr. 1 war die Northwestern's Kellogg School of Management. Auf den Rängen 2 bis 5 folgten Chicago, Pennsylvania's Wharton, Stanford und Harvard.

So verschieden diese 5 Business-Schools sein mögen, sie haben doch eines gemeinsam: Sie besitzen jeweils ein Wort in den Köpfen, mit dem sie assoziiert werden. So steht Kellogg für Marketing, Chicago für quantitative Analysen, Wharton für Finanz, Stanford für Hightech und Harvard für Management. Hier die Liste im Überblick:

Kellogg	Marketing
Chicago	quantitative Analysen
Wharton	Finanz
Stanford	Hightech
Havard	Management

Diese Business-School-Marken stehen für spezifische Wörter in den Köpfen. Sie sind damit nicht nur in den Köpfen ihrer Zielgruppen gespeichert. Sie werden somit automatisch – wie bereits erwähnt – auch als führend und als das Echte und Wahre in ihrem Bereich wahrgenommen.

Wenn Sie heute die beste Marketingausbildung in den USA wollen, dann werden Sie nicht an der nächsten „Alles-für-alle"-Business-School studieren, sondern Sie werden vor allem und zuerst an die Kellogg School of Management denken, denn diese steht – vor allem dank Philip Kotler – für Marketing.

Dasselbe Bild bei den großen Malern. Es genügt nicht, schöne Bilder zu malen. Man muss ein Konzept, eine Idee, am besten ein Wort in den Köpfen der Kunden besitzen (hier sagt ein Wort bedeutend mehr als tausend Bilder):

Claude Monet	Impressionismus
Vincent van Gogh	Expressionismus
Henri Rousseau	Naive (Malerei)
Pablo Picasso	Kubismus
Jackson Pollock	Action Painting

Das gilt auch für die großen Managementdenker unserer Zeit. Auch sie werden klar mit ihren Konzepten verbunden, wie:

Peter Drucker	Management
Philip Kotler	Marketing
Michael Porter	Wettbewerb
Gary Hamel	Kernkompetenzen
Michael Hammer	Business Reengineering

Man kann in diesem Zusammenhang ruhig von „Branding by Eselsbrücke" sprechen, weil man die eigene Marke mit einem einfachen Wort in den Köpfen der Kunden verankert bzw. positioniert.

Als Wick Medinait in den Markt für Erkältungsmittel einstieg, erkannte man, dass a) ein weiteres Erkältungsmittel wenig Chancen auf Erfolg hat und b) dass man eine simple Idee braucht, um in die Köpfe der Kunden zu gelangen. Die geniale Lösung lautete: Das erste Erkältungsmittel nur für die „Nacht". Heute ist Wick Medinait die meistverkaufte Erkältungsmedizin weltweit.

Und was wissen die Menschen wirklich von Wick Medinait? Was wissen Sie von Wick Medinait? Kennen Sie die In-

haltsstoffe, die Wirkungsweise, die wahren Vorteile gegenüber herkömmlichen Erkältungsmitteln? Nein, wahrscheinlich nicht! Sie wissen nur, dass es die Erkältungsmedizin für
die Nacht ist. Das ist der Schlüssel zum Erfolg, denn eine Erkältungsmedizin nur für die Nacht sollte am Abend besser
sein als eine herkömmliche.

Ohne Fokus keine klare Position

Aber statt auf ein Wort zu setzen, wollen viele Marken die
Kunden mit vielen Attributen und Argumenten überzeugen.
Nur das funktioniert nicht. Warum?

Dafür gibt es zwei Gründe: (1) Es ist heute – in unserer
kommunikationsüberfluteten Gesellschaft – verdammt
schwer, überhaupt mit einem Attribut oder einem Wort verbunden zu werden. Zwei oder drei ist so gut wie unmöglich.
(2) Je mehr man von sich selbst behauptet, desto weniger
wird einem de facto geglaubt. Wir schätzen Originale bzw.
Experten höher ein als „Hansdampfe in allen Gassen". Dies
gilt für Menschen wie für Marken.

So gibt es in Deutschland eine Automarke, die laut eigenen Angaben für „fahraktiv, zuverlässig und zeitgemäß"
steht. Nebenbei kommuniziert diese Marke von Zeit zu Zeit
auch das Thema Sicherheit in der Werbung. Frage: Welche
Automarke ist das? Nicht so einfach? Oder?

Die richtige Antwort lautet: „Ford". Das Problem dabei: Mit
Fahraktivität oder Fahrfreude verbinden die Menschen
BMW, mit Zuverlässigkeit entweder Toyota oder VW, mit Sicherheit sicherlich Volvo. Zeitgemäß sollte jedes moderne Auto sein.

Ford ist nicht alleine. Vor nicht allzu langer Zeit warb ein österreichischer Fenstererzeuger in Printanzeigen mit folgenden 6 Argumenten für die eigene Marke: Wir haben die „Beratungs-Garantie, Qualitäts-Garantie, Preis-Garantie, Liefer- und Montage-Garantie, Maß-Garantie, Service- und Nachkauf-Garantie." Darüber stand „6 Gründe, die für Stabil-Fenster sprechen."

Was ist falsch daran? Alles! Das wahre Problem von Stabil: Man denkt an Kunststoff-Fenster und man denkt an Internorm. Man denkt an Holz- bzw. Holz-Alu-Fenster und man denkt je nach Region an Josko oder an Gaulhofer. Stabil steckt im unprofilierten Mittelfeld. Stabil ist eine weitere gute Fenstermarke. Das ist keine gute Ausgangsposition für die Zukunft, denn Mittelfeld wird in den Augen der Kunden in der Regel mit Mittelmaß gleichgesetzt, was wiederum dazu führt, dass man die Preise senken muss und folglich die Ertragskraft leidet.

Aber das wirklich Interessante ist: Wenn eine Marke mit einem Wort stark verbunden wird, dann schneidet diese Marke auch bei anderen – nicht kommunizierten – Eigenschaften oder Wörtern sehr gut ab. Man spricht in diesem Zusammenhang in der Psychologie auch vom „Halo-Effekt" oder vom „Heiligenscheineffekt".

Audi steht für Technik. So lautet der Slogan „Vorsprung durch Technik". Aber in Umfragen schneidet Audi nicht nur bei „Technik" hervorragend ab, sondern Audi wird generell als sehr gutes Auto gesehen.

Wagner Pizza steht für „Steinofen-Pizza". Diese Idee impliziert automatisch höhere Qualität, bessere Zutaten und besseren Geschmack. Volvo steht für Sicherheit und folglich auch für Langlebigkeit, Robustheit, gute Qualität und Verarbeitung.

Das heißt: Wer versucht, möglichst viel über die eigene Marke zu erzählen, schneidet in der Regel nur durchschnittlich ab. Wer wenig über die eigene Marke erzählt, wer die Essenz auf ein Wort fokussiert, schneidet generell „sehr gut" in den Köpfen der Kunden ab. Gleichzeitig kann man so auch in der Regel höhere Preise verlangen. Diese wiederum sorgen für eine höhere Qualitätseinschätzung. Das ist für uns auch ein wesentlicher Grund, warum in der Regel fokussierte Marken profitabler sind als unfokussierte.

Nicht jedes Wort ist effektiv

Nur leider ist nicht jedes Wort wirklich effektiv. Nehmen wir noch einmal Yello Strom als Beispiel! Diese Marke wurde mit der Idee „gelber Strom" zur bekanntesten Strommarke Deutschlands. Dieses Beispiel zeigt klar die Macht und auch die Ohnmacht des Konzepts. So machte das Wort „gelb" zwar Yello zur bekanntesten Strommarke in Deutschland (die Macht des Wortes), aber niemand weiß, warum man ausgerechnet gelben Strom kaufen sollte (die Ohnmacht des falschen Wortes). Die Idee macht einfach keinen Sinn in den Köpfen der potentiellen Kunden. So lautet der neue Slogan „gelb, gut, günstig", denn wenn man keine eigene starke Idee hat, dann bleibt in der Regel nur der Preis als Argument. Auch Digital Equipment wählte, wie bereits erwähnt, Mitte der 90er Jahre das falsche Wort, nämlich „schnell" statt „64 Bit".

So sind sich viele Unternehmens- und Markenverantwortliche bewusst, dass man die Essenz der Marke auf ein Wort reduzieren muss, um klar in den Köpfen der Kunden positioniert zu sein. Aber sie hätten gerne ein Wort, unter dem sich alles verpacken lässt, was man heute anbietet und in Zukunft anbieten will. Nur je breiter und abstrakter das Wort wird, desto unwirksamer wird es.

Typisches Beispiel dafür ist Linde. Dort erkannte man klar, dass man die Essenz der Marke auf ein Wort reduzieren muss. Aber dies ist nicht so einfach, wenn ein Unternehmen in früher vier (jetzt drei) Geschäftsbereichen mit einer Marke tätig ist, nämlich in den Bereichen Gas, Anlagenbau, Gabelstapler und Kältetechnik (mittlerweile verkauft). Also suchte und „fand“ man ein Wort, das alle diese Bereiche abdeckt, nämlich das Wort „Lead*Ing*.“, eine Kombination aus den Wörtern „Leading“ und „Ingenieur“. Solche Wörter kommen (leider) bei Strategie- und auch Kreativmeetings immer bestens an. Sie werden als geniale Geistesblitze gefeiert, die das unlösbare Problem gelöst haben. Fehleinschätzung, denn solche Ideen machen am Markt, in den Köpfen der Kunden keinen Sinn. Die Leute kaufen keine „Lead*Ing*.“-Company. Die Leute kaufen die führenden Marken in den jeweiligen Bereichen. Dies sollte auch Linde bedenken, um, darauf aufbauend, die richtige Marken- und Unternehmensstrategie für die Zukunft zu entwickeln, denn zurzeit ist Linde in keinem der drei verbleibenden Bereiche führend. Fazit: Kreative Kunstwörter ersetzen keine klaren Marken- und Positionierungsstrategien.

Das gilt auch für Unternehmen wie Kodak oder Samsung. So versucht sich heute Kodak als Imaging-Company zu positionieren, um den Brückenschlag zwischen analoger und digitaler Fotografie zu schaffen. Samsung wiederum sieht sich – wie viele andere Elektronik- und Entertainment-Unternehmen – als Convergence-Company. Beides wird nicht funktionieren, weil beides zu abstrakt ist. Niemand sagt: „Lass uns heute ein Imaging- oder Convergence-Produkt einkaufen." Leute kaufen konkrete Produkte, wie Digitalkameras, Fotofilme, Fernseher, Notebooks, Handys, Spielkonsolen etc. Und sie bevorzugen dabei die führenden Marken, wenn sie solche (noch) finden. Das ist speziell im Elektronik- und Entertainmentbereich gar nicht mehr so einfach, weil schon fast jeder fast alles für fast jeden anbietet. (Und dann sind alle verwundert, warum der Preis immer wichtiger und die Erträge immer niedriger werden.)

In derselben Falle steckt auch Siemens. Vor wenigen Jahren positionierte man sich im Slogan als „the living company". Jetzt heißt es „Global network of innovation". Mit beiden Slogans kann man zwar alle Produktbereiche theoretisch abdecken, aber weder der eine noch der andere positioniert Siemens klar für die Zukunft. Auch Siemens braucht eine bessere Marken- und Unternehmensstrategie.

Das heißt: Sie müssen heute genau wählen, wo der Fokus Ihrer Marke liegen sollte. Denn wer heute seinen Markenfokus zu breit wählt, kann schon morgen das Opfer von klarer positionierten Konkurrenten sein. (Mehr dazu auch in den Naturgesetzen Nr. 10 und 11!)

Naturgesetz Nr. 9:
Markenerfolg heißt „richtig vorgehen"

Wie die vorhergehenden Gesetze gezeigt haben, liegt der Schlüssel zum Marken- und folglich Markterfolg darin, dass man eine neue Kategorie (er)findet, um diese dann – verbunden mit dem eigenen Markennamen – in den Köpfen der Kunden zu etablieren, auszubauen und zu dominieren. Dabei sollte man nach einem genau definierten Muster vorgehen:

Den Kategorienamen festlegen

Zuerst müssen Sie den Kunden – wie bereits erwähnt – eine Eselsbrücke ins Gehirn bauen, um daran Ihre Marke aufzuhängen. Um dies zu erreichen, müssen Sie im ersten Schritt den Namen der Kategorie festlegen, in der Sie zukünftig Marktführer sein wollen. Hier zwei fiktive Beispiele:

(1) Sie möchten ein neues Diät- oder Leichtjoghurt am Markt einführen. Kein leichtes Unterfangen, denn es gibt bereits genügend 0-%-, 0,3-%-, etc.-Joghurts. Was tun? Hier meine Idee: Sie lancieren das erste Frühstücksjoghurt, das extra leicht und extra mild ist. So entsteht eine neue Kategorie in den Köpfen der Kunden, die man mit einer neuen Marke besetzen kann.

(2) Sie möchten ein neues Shampoo am Markt einführen. Auch dies ist kein leichtes Unterfangen, denn es gibt bereits unzählige Shampoos in unzähligen Varianten in unseren Super- und Drogeriemärkten. Was tun? Hier meine Idee: Sie lancieren die erste Shampoomarke nur und nur für gefärbte

Haare, um sich als der führende Spezialist in diesem Segment zu etablieren.

Sie haben also zwei Möglichkeiten, eine neue Kategorie zu etablieren. Sie erfinden eine oder Sie spezialisieren sich als Erster auf eine. Das Zweite tat sehr erfolgreich Prof. Franz-Rudolf Esch. Er erkannte klar, dass ein weiterer guter Marketingprofessor in Deutschland einfach in der Menge der guten Marketingprofessoren untergehen würde. Also schuf er eine neue Kategorie, den Markenprofessor.

War er der erste Professor, der Markenführung an seinem Institut unterrichtete? Mit Sicherheit nicht! Aber er besetzte und besetzt gerade sehr erfolgreich diese Position in den Köpfen seiner potentiellen Kunden. So wird er auf kurz oder lang der deutsche Markenpapst werden. Er wird dieses Wort „Markenpapst" in den Köpfen besitzen.

Es geht also beim Finden einer neuen Kategorie in der Regel nicht um bahnbrechende Innovationen, sondern um simple erste Ideen, mit denen man einen Markt zu den eigenen Gunsten teilen und verändern kann.

Den Markennamen festlegen

Wenn der Kategoriename steht, dann sollte man den dazu passenden Markennamen entwickeln. Das bedeutet, dass Sie immer zwei Namen brauchen, wenn Sie eine starke Marke bauen wollen, nämlich einen Kategorie- und einen Markennamen.

Bei Wagner Pizza lautet der Kategoriename „Steinofenfertigpizza" und der Markenname „Wagner". Nur so konnte Wagner Pizza zu der ultimativen Steinofen-Fertigpizza werden. Bei Danone lautet der Kategoriename „probiotische Joghurtdrinks" und der dazupassende Markenname „Actimel".

Hier begehen viele zwei Fehler:

(1) Viele versuchen, den Prozess der Markenbildung abzukürzen, indem sie den Kategorienamen gleichzeitig auch zum Markennamen machen wollen. So gibt es in Österreich eine Marke „Holzofenleberkäse". Die Idee „erster Holzofenleberkäse" ist brillant. Die Idee, diesen Begriff als Markennamen zu nutzen, macht aus Markensicht keinen Sinn. Es ist, als ob Sie einem Kind den Namen „Kind" geben.

Der typische Dialog dazu: Kunde A: „Ich habe mir gerade den Holzofenleberkäse gekauft." Kunde B: „Welchen?" Kunde A: „Den Holzofenleberkäse". Kunde B: „Das weiß ich schon, ich wollte wissen welchen." Damit zerstört man nicht nur den Prozess der Markenbildung, man vernichtet sich so auch jegliche Mundpropaganda, die ja bekanntlich die beste Form der Werbung ist.

So ist diese Idee für den frei, der die Kategorie „Holzofenleberkäse" als Erster mit einem richtigen Markennamen besetzt, um so in dieser Kategorie das Echte und Wahre zu werden, wie etwa „Staudinger: Nicht umsonst der beliebteste Holzofenleberkäse Österreichs". Der Kategoriename wäre in diesem Fall „Holzofenleberkäse", der Markenname „Staudinger", der dazu passende Positionierungsslogan „Nicht umsonst der beliebteste Holzofenleberkäse Österreichs".

(2) Viele versuchen, eine neue Kategorie unter einem bestehenden Markennamen zu vermarkten. Das Hauptargument für diese Vorgehensweise lautet, dass es günstiger ist, einen bestehenden Markennamen zu nutzen, als einen neu-

en einzuführen. Kurzfristig mag dies stimmen. Langfristig aber ist die Gefahr groß, dass man sich so die eigene Zukunft für immer verbaut.

Anfang der 80er Jahre war IBM das Computerunternehmen der Welt. Folglich war es nur „logisch", dass man den ersten 16-Bit-PC dieser Welt unter der Marke IBM einführte. Kurzfristig brillant! Nur langfristig eröffnete man so zuerst Compaq und dann Dell die Chance, diese Position erfolgreich anzugreifen. Heute sind PCs bei IBM Geschichte. So verkaufte man die Sparte kürzlich an Lenovo.

Motorola war der Erfinder des Mobiltelefons. Aber statt diese neue Kategorie zu nutzen, um eine neue Marke einzuführen, zwängte man die neue Kategorie unter das bestehende Markendach. Man war folglich nur so lange Weltmarktführer, bis Nokia das wahre Potential dieser Kategorie erkannte, um die erste echte Handymarke zu werden.

Es geht um die „Generalist vs. Spezialist"-Wahrnehmung. Und in der Regel bevorzugen Menschen Spezialisten, wenn sie die Wahl haben. Dies sollte man unbedingt bedenken, wenn man eine neue Kategorie am Markt einführt. Black & Decker machte dies richtig. Als Black & Decker in den Profi-Markt einstieg, nannte man die neue Marke nicht Black & Decker Pro, sondern DeWalt. So hat man heute zwei starke Marken im Portfolio.

Neue Kategorien benötigen unbedingt einen neuen Namen, wenn man das volle Potential der Kategorie dauerhaft nutzen will. Im Zweifelsfalle sollte man den Sony-Weg wählen. Am Anfang war es die Sony-Playstation. Heute ist es nur mehr die Playstation. Dazu muss man aber von Anfang an einen Zweitnamen wählen, der alleine als Markenname funktionieren kann. Ein gutes Beispiel dafür ist auch der iPod: Der iPod von Apple funktioniert alleine wunderbar als Markenname. Was wäre aber gewesen, wenn man den iPod unter der Marke „Apple MP3-Player" vermarktet hätte? Antwort: Dann wäre Apple heute ein weiteres Unternehmen, das nebenbei auch MP3-Player vermarktet.

Die Kaufmotivation ableiten

Im nächsten Schritt müssen Sie dann die Kaufmotivation, den Nutzen aus Ihrer neuen Kategorie ableiten. Im Fall eines Holzofenleberkäses könnte dies „Geschmack wie früher" sein. Dies ist speziell bei Nahrungsmittel kein schlechter Ansatz. Meinen wir doch zu wissen, dass früher alles besser schmeckte.

Eine neue Kategorie alleine ist zu wenig. Man muss daraus den wichtigsten Nutzen für die Kunden ableiten. Diese Erfahrung machte auch Procter & Gamble mit Pampers, den ersten Wegwerfwindeln. Pampers besetzte als erste Marke die Kategorie Wegwerfwindeln in den Köpfen der Kunden. Aber man machte dabei einen Fehler.

Man wählte den falschen Nutzen, nämlich „bequemer". Nur Mütter wollten es bei Babys nicht bequemer haben. Babys sind zu wichtig. Erst als man den Nutzen auf „trockener" verlegte, wurde das Programm und folglich die Marke ein großer Erfolg. So sorgte und sorgt Pampers Generation für Generation für trockenere und zufriedenere Babys, wie es früher auch im Slogan hieß. Hier fällt noch eines auf: Wenn man die Historie der meisten großen Marken zurückverfolgt, wurden diese mit Hardselling-Ansätzen groß, die dann leider im Laufe der Zeit aus „kreativen Gründen" verloren gingen.

Nehmen Sie Hornbach! Der Fokus der Marke ist glasklar auf „Megabaumärkte". Und welchen Nutzen, welchen U.S.P. leitet man heute daraus in der Werbung ab? „Hornbach: Es gibt immer was zu tun", heißt es in der Werbung.

Ist das wirklich der Nutzen Nr. 1 eines Hornbach-Megamarktes? Nein! Was ist dann der echte Nutzen? Die Antwort ist offensichtlich. Der Nutzen eines Megabaumarktes ist die Auswahl. Man muss nicht in mehrere verschiedene Baumärkte fahren, um das Richtige zu finden. Ich bin mir sicher, dass genau aus diesem Grund viele zu Hornbach fahren. Nur für die Werbung ist diese Idee anscheinend zu wenig kreativ.

Im Falle von Hornbach ist dies nicht so schlimm, weil es die Menschen aufgrund der Riesenmärkte vor Ort sowieso wissen. Schlimm sind solche „kreativen Ausrutscher" für Marken, von denen Kunden nicht unbedingt den Hauptnutzen kennen oder kennen müssen.

Erinnern Sie sich noch an die Anfänge von Crema di Joghurt! Ich fand und finde die Idee, ein typisch italienisches Joghurt in Deutschland einzuführen, brillant. Nur die werbliche Umsetzung mit Giovanni Trapattoni als Testimonial und dem Ausruf „Isse cremig – isse Wahnsinn" fand ich weniger brillant. Ist das wirklich der Kernnutzen eines italienischen Joghurts? Ich denke „nein".

Was dann? Hier meine Idee als Frage formuliert: „Haben Sie nicht auch Lust auf ein typisches italienisches Joghurt wie im Urlaub?" Der Kernnutzen wäre aus meiner Sicht „Joghurtgenuss wie im Italienurlaub" gewesen. Danach haben sicher viele Sehnsucht.

Wichtig dabei: Sie müssen unbedingt zuerst die Kategorie festlegen, um dann daraus den Nutzen abzuleiten. Viele Marken- und Marketingprogramme scheitern, weil man viel zu nutzenorientiert denkt. Das Ergebnis dabei: Alle in einer Kategorie verkaufen dann denselben Nutzen und jeder schreit dann irgendwann, dass er besser und billiger sei. Nur dies funktioniert nicht, wie wir im Naturgesetz „Emulation ist keine Erfolgsstrategie" gesehen haben.

Und auch das reicht immer noch nicht. Wir leben heute im Zeitalter des Killer-Wettbewerbs. Heute müssen Sie in der Regel zusätzlich die Konkurrenz repositionieren und neutralisieren.

Den Status quo repositionieren

Wo wäre Dr. Best heute, wenn man in der Werbung nur gesagt hätte, dass es jetzt eine nachgebende Zahnbürste gibt? Antwort: Nirgendwo! Es genügt heute nicht mehr, nur die eigene Position zu hämmern. Wer wirklich das volle Potential seiner Marke ausschöpfen will, muss zusätzlich die Konkurrenz in den Köpfen der Kunden neutralisieren und repositionieren.

Genau das tat Dr. Best perfekt mit der Tomate. Bevor man die eigene Position etablierte, repositionierte man zuerst starre Zahnbürsten als gefährlich für Zahnfleisch und Zähne. Dies hat noch einen weiteren großen Vorteil. Man stellt so einen Kontext zum Leben der Verbraucher her. Man holt diese bei ihren derzeitigen Problemen und Sorgen ab.

An diesem Punkt scheitern viele Markenkampagnen. Sie mögen kreativ und großartig sein, aber sie stellen keinen Bezug zum Leben der Verbraucher her. Sie werben quasi in einem geistigen Vakuum. Hier kann man viel von den Kampagnen der Marken Obstgarten, Duracell, Cetebe oder aktuell von Eunova lernen.

So positionierte sich Obstgarten sehr erfolgreich gegen „schwere Speisen für zwischendurch". Duracell positionierte sich gegen herkömmliche Zink-Kohle-Batterien, Cetebe, das Langzeit-C gegen herkömmliche Vitamin-C-Präparate und Eunova, das Langzeit-Multivitamin aktuell gegen herkömmliche Vitamin-Präparate, die nur kurzfristig wirken. Diese Marken zeigten und zeigen klar die Nachteile bisheriger Lösungen auf, um sich dann selbst als neue Lösung zu positionieren. Sie stellten und stellen so einen klaren Kontext zur derzeitigen Lebenssituation der potentiellen Kunden her. Nur vielen Kreativen ist das leider viel zu wenig kreativ.

Vielleicht ist es auch wirklich nicht kreativ, aber es ist effektiv. Dies zeigt auch das Beispiel BMW in den USA. So lautete etwa die Headline einer BMW-Werbung in den 70er Jahren: „The ultimative sitting machine vs. the ultimative driving machine". So wurde man zu der klaren Alternative zu Mercedes-Benz.

Druck halten

Wie bereits im Naturgesetz Nr. 5 gezeigt, heißt es dann, das Programm evolutionär weiterzuentwickeln. Dazu gehört vor allem neben Konsistenz in der Markenführung Geduld. Warum? Antwort: Weil starke Ideen in der Regel nicht über

Nacht erfolgreich sind. Es dauert, bis Menschen Ideen aufnehmen, verstehen und akzeptieren.

So wurde auch BMW mit der Idee „Fahrfreude" nicht über Nacht der globale Herausforderer von Mercedes-Benz. So lag die Jahresproduktion von BMW 1970 bei ca. 160.000 Automobilen, 1980 bei ca. 350.000, 1990 bei bereits über 500.000 Automobilen. Im Jahr 2000 waren es dann 835.000 produzierte Autos und 2004 überschritt man nachhaltig die Millionengrenze mit 1.060.000 produzierten BMWs. Und im Jahr 1992 überholte man das erste Mal im weltweiten Verkauf die Marke mit dem Stern. Das ist die Belohnung, wenn man konsequent auf die richtige Idee setzt, statt sich wie Mercedes-Benz mit zu vielen Modellen zu verzetteln.

Typisches Beispiel für den langsamen, aber sicheren Marktaufbau ist auch Red Bull, obwohl viele den Eindruck haben, dass diese Marke über Nacht erfolgreich war. Hier die Umsatzentwicklung in Mio. Euro:

1987	0,8
1988	1,6
1989	2,8
1990	5,2
1991	11,6
1992	19,6
1993	27,5
1994	90,4
1995	100,9
1996	107,5
1997	157,7

1998	252,2
1999	518,8
2000	740,0
2001	1.030,0
2002	1.150,0
2003	1.261,0
2004	1.668,0
2005	2.149,0

In nicht einmal 20 Jahren wuchs Red Bull von 0 auf über zwei Milliarden Euro Umsatz. Beeindruckend! Hier aber die zentrale Frage: Würde es Red Bull heute geben, wenn man im Besitz eines großen Markenartikelkonzerns gewesen wäre? Ich befürchte „nein", denn nach drei Jahren lag der Umsatz bei „nur" 2,8 Millionen Euro. Spätestens zu diesem Zeitpunkt wäre die Marke in einem Konzern Gefahr gelaufen, eingestellt zu werden. Nur Dietrich Mateschitz glaubte an das Potential seiner Marke. So ist Red Bull heute ein Musterbeispiel für gelungene Markenführung.

Vielen Konzernen fehlt heute diese Geduld, um starke Marken zu bauen. So lancierten, wie bereits erwähnt, weder British Airways noch Lufthansa oder Air France die erste Diskontfluglinie Europas. Das war 1985 die Familie Ryan mit Ryanair.

Und war Ryanair sofort erfolgreich? Mitnichten! 1985 hatte man 5.000 Passagiere. 1986 waren es 82.000, 1987 322.000. 1990 erreichte man 745.000, 1995 waren es dann 2.260.000, 2000 7.002.000 und 2004 24.635.000 Passagiere. Das heißt: Man brauchte 8 Jahre, um die Millionengrenze zu überschreiten, und weitere 9 Jahre, um die 10 Millionen-grenze zu durchbrechen. Markenaufbau erfordert Konsistenz und Geduld, Geduld und noch einmal Geduld, um Jahr für Jahr den eigenen Fokus zu hämmern.

So ist es auch kein Wunder, dass viele der großen Marken-erfolge von Unternehmern kamen, die genau diesen Mut, diese Geduld und diese Ausdauer mitbrachten. So wurden Marken wie H&M, Ikea, Wal-Mart, Zara, Microsoft, DEC, Apple, Snapple, Red Bull, Mountain Dew, eBay, Amazon, Google, Wagner Pizza, Neuburger, Fielmann, Ryanair und viele, viele andere nicht von Konzernen, sondern von muti-gen Unternehmern geschaffen, die unbedingt ihre Idee ver-wirklichen wollten.

So genügt es nicht, einen klaren Fokus und folglich eine klare Position in den Köpfen der Kunden zu besitzen. Man muss diesen Fokus Tag für Tag so dramatisch wie nur mög-lich leben, um folglich die Position in den Köpfen der Kunden und am Markt so groß wie nur möglich zu machen.

Nehmen Sie Nordsee! Diese Marke hat einen klaren Fisch-fokus und eine klare Fischposition in den Köpfen der Kun-den. Nur das genügt nicht. Nordsee müsste diesen Fokus je-den Tag im Tagesgeschäft wichtiger machen.

Genau das tut man nicht. Stattdessen wechselt Nordsee in regelmäßigen Abständen den Slogan, um vielleicht doch per Zufall den richtigen zu finden. So hatten wir zuerst „fisch Dir was" und jetzt haben wir „fisch verliebt". Das sind zwar nette Wortspiele, aber keine starken Dramatisierungsideen. Niemand sagt: „Die bei Nordsee haben aber einen tollen Slo-gan. Da sollten wir wieder einmal hingehen."

Was tun? Einen Blick in die Zeitungen und Zeitschriften werfen. Dort gibt es immer mehr Artikel über gesunde Ernährung und darüber, dass man mindestens zwei Mal in der Woche Fisch essen sollte. Hier würde ich ansetzen: „Nordsee: Weil es mindestens zwei Mal in der Woche Fisch sein sollte" könnte so zum Kampagnenthema werden, um den Fischfokus wichtiger zu machen. Dies wäre ein idealer Weg, um sich klar und vor allem sehr positiv und glaubwürdig gegen ungesundes Fastfood zu positionieren.

Naturgesetz Nr. 10:
Wachstum ist nicht gleich Wachstum

Wenn man diese Zeilen liest, kann u. U. vorschnell der Eindruck entstehen, dass wir – weil total fokussiert – gegen Wachstum sind. Das ist falsch. Wir sind für Wachstum, genauer gesagt für gesundes Wachstum. Wir sind aber klar gegen ungesundes Wachstum. Wo liegt der Unterschied?

Gesundes vs. ungesundes Wachstum

Gesundes Wachstum beruht auf der zentralen Idee der Marke. Je wichtiger man die zentrale Idee macht, desto stärker wird die Marke in den Köpfen der Kunden und folglich auf dem Markt. Typisches Beispiel für gesundes Wachstum war und ist Dr. Best. Die zentrale Frage dabei: Wie können wir unsere zentrale Idee „nachgebend" und somit unsere Marke wichtiger machen?

Ungesundes Wachstum beginnt dann, wenn das Management anfängt, die Marke für das Unternehmenswachstum zu nutzen bzw. auszunutzen. Umgangssprachlich spricht man auch vom „Markenmelken". Die zentrale Frage lautet dabei: Wie können wir unseren guten Markennamen nutzen, um die Wachstumsziele des Unternehmens zu erreichen?

Die Frage der Fragen lautet also „Markenbauen" versus „Markenmelken" oder „fokussiertes" versus „unfokussiertes" Wachstum". Heute haben (leider) die Markenmelker Hochkonjunktur. Wohin man blickt, werden Marken gedehnt, erweitert, um neue Produkte und Varianten ergänzt, um so das Letzte aus der Marke herauszuholen.

Das ist der Grund, warum immer neue Sorten von Blend-a-med und Co. auftauchen. Nicht viel anders ist die Situation bei Fanta! In meiner Jugend war Fanta die ultimative Orangenlimonade. Was ist Fanta heute? Für viele – wie auch für mich – ist Fanta immer noch die ultimative Orangenlimonade, die jetzt ein paar Sorten mehr anbietet. Wenn man aber heute zwischen 4 und 10 Jahre alt ist, in einem Alter also, in dem man noch gerne Werbung guckt, dann lernt man, dass Fanta ein weiterer Anbieter von Limonaden aller Art ist. In diesen Köpfen startet heute der „Markenerosions"-Prozess, der Fanta in Zukunft enorm schaden wird.

Dasselbe Bild bei Felix in Österreich. Für viele – wie auch für mich – ist Felix heute das ultimative Ketchup. Wenn man heute aber 4 bis 10 Jahre alt ist und gerne Fernsehwerbung sieht, lernt man, dass Felix ein weiterer Anbieter von Ketchup, Saucen, Sugo und Fertiggerichten aller Art ist. Auch hier erodiert die Marke langsam, aber sicher.

Oder nehmen Sie Mercedes-Benz! Die große Gefahr für die Marke Mercedes-Benz ist die nachwachsende Generation, die nicht mehr so richtig mitbekommen hat, dass nur ein Mercedes ein Mercedes ist, nämlich das ultimative Zeugnis deutscher Ingenieurskunst, das beste Automobil der Welt. Vielmehr lernt die nachwachsende Generation, dass Mercedes ein Anbieter von Autos aller Art ist, von der A-Klasse über die B-, C-, E-, M- und S-Klasse bis hin zum praktischen Transporter. Und solange das Management freie Buchstaben findet, ist die Gefahr groß, dass noch mehr Modelle und Varianten dazukommen. So steht die R-Klasse vor der Tür. So hieß es bereits 1996 auf der Titelseite der Februar-Ausgabe des Manager-Magazins: „Mercedes auf riskantem Kurs – Klasse oder Masse". Heute würde die Subline wohl „Weder Klasse noch Masse" lauten.

Es dauert, bis man starke Marken baut. Es dauert, bis man starke Marken zerstört. Dabei spielt die nachwachsende Generation eine große Rolle, weil diese die Markenhistorie nie richtig „live" miterlebt hat. Hier muss auch Nivea vorsichtig sein, dass man in der Produktflut nicht die zentrale Idee „Pflege" verliert.

Was das Problem noch weiter verstärkt, ist, dass „Modellitis" süchtig machen kann. Dazu sollte man einen Blick in die 80er Jahre werfen, als Opel wirklich noch der Herausforderer von VW war.

Damals war es ein echter Dreikampf zwischen diesen beiden Marken, nämlich Polo vs. Corsa, Golf vs. Kadett und Passat vs. Vectra. (Der Opel Omega versuchte sein Glück damals gegen 5er BMW und Mercedes E-Klasse, bevor er eingestellt und durch den Signum ersetzt wurde.) Dann stiegen beide Marken in das Sportwagensegment ein, Opel mit dem Calibra und VW mit dem Corrado. Der Calibra war erfolgreich, der Corrado ein Megaflop. Dies hatte nachhaltige Auswirkung auf die Marken- und Unternehmensstrategie bei VW und Opel. Der Erfolg des Calibras dürfte Opel süchtig gemacht haben. So lancierte man ein wahres Modellfeuerwerk mit Sintra, Frontera und Tigra, um den Abstand zu VW zu verringern. VW dagegen setzte – geläutert durch den Flop – auf seine drei Hauptmodellreihen.

Der Rest ist Geschichte: VW legte mit dieser fokussierten Strategie enorm zu, während Opel immer mehr in Schwierigkeiten geriet. Je mehr Modelle Opel bot, desto schlechter wurden das Markenimage und die Qualität. Man wurde von dem Herausforderer zum Sanierungskandidaten. (Heute scheint es, dass VW die Strategie von Opel kopiert und ebenfalls mit immer mehr Modellen immer mehr vom Kurs abkommt.)

Was sollte Opel heute tun, um wieder der Herausforderer von VW zu werden? Hier meine Idee: Mit zwei Modellen hat Opel in jüngster Vergangenheit wieder wirklich punkten können, indem man jeweils eine neue Kategorie unterhalb des Minivans geschaffen hat, nämlich mit dem Zafira und dem Meriva. Mit diesen Modellen wird auch das Wort „flexibel" verbunden. Dies könnte der zukünftige Fokus von Opel sein. Der Slogan dazu könnte „Mehr Flexibilität, mehr Auto" lauten. Die Strategie dazu „weniger, dafür wieder erfolgreichere Modelle rund um einen klaren Fokus."

Marken zum Erfolg refokussieren

Die brutale Wahrheit dahinter: Die meisten Marken brauchen nicht mehr Varianten oder Modelle. Die meisten Marken brauchen einen klaren Fokus, der ihnen gesundes Wachstum ermöglicht. In den 50er und 60er Jahren war BMW ein weiterer deutscher Automobilerzeuger mit einer breiten Produktpalette, vom Kabinenroller bis zur V-8-Limousine, und so gut wie pleite. Dann refokussierte man die Marke mit dem 1500 BMW unter dem damaligen Vorstand Paul Hahnemann auf die Idee „Fahrfreude". Der Rest ist

Markengeschichte. (So wurde Hahnemann damals auch als „Nischen-Paul" bezeichnet. Besser wäre „Fokus-Paul" gewesen, denn Hahnemann fand keine Nische, sondern eine mächtige Idee für die Zukunft.)

„Warum sollen wir etwas opfern?", ist die meistgestellte Frage an uns bei Beratungsprojekten. Unsere Antwort darauf: „Sie müssen heute etwas opfern, um für etwas Spezifisches in den Köpfen der Kunden zu stehen. Alles für alle ist die Antithese zum Erfolg."

So war Junghans in den 70er Jahren ein weiterer deutscher Uhrenanbieter. Egal was man wollte, Junghans hatte es, von der Armband- bis zur Kuckucksuhr. Und Junghans war so gut wie pleite. Dann refokussierte man die Marke mit der Idee „Funkuhr". Heute ist man weltweit die Nr. 1 bei Funkuhren.

Dasselbe Bild bei KTM: In den 80er Jahren war KTM ein weiterer Anbieter von Zweirädern aller Art und so gut wie pleite. Dann refokussierte das Management die Marke auf „Off-Road". Heute dominiert man den Offroad-Markt und Paris-Dakar.

Dasselbe Bild bei Porsche. Anfang der 90er Jahre war Porsche in der Krise. Der wesentliche Grund dafür: Man hatte sich mit zu vielen Modellen in den Köpfen der Kunden verzettelt. Dann refokussierte man die Marke auf den Urporsche, den 911er und als Programmergänzung auf den Boxster. Seitdem geht es wieder stark aufwärts. Porsche wurde so wieder zu dem ultimativen Sportwagen.

Was passiert jetzt? Jetzt dürfte die Devise „zurück zu den Fehlern der Vergangenheit" lauten. Nach den Anfangserfolgen des Cayenne denkt man jetzt wieder daran, die Modellpalette nachhaltig auszuweiten. Zuerst mit dem Cayman S und dann mit dem Panamera, einem viertürigen Porsche, der gerade in Planung ist.

Das Ziel ist klar: Man will so Umsätze und Gewinne ausweiten. Die Nebenwirkung dabei: Je mehr Nicht-911er-Porsche zu sehen sind, desto mehr wird der Ruf als ultimativer Sportwagen untergraben. Nur das wird nicht über Nacht passieren. Es dauert, bis man Marken baut. Es dauert, bis man Marken schwächt. Speziell der Cayman S könnte dem 911er schaden. So schrieb schon eine Automobilzeitschrift über dieses neue Porschemodell „911 minus X". Es erinnert an Schlagzeilen, wie: „Ist Škoda der bessere VW?"

In diese Wachstumsfalle tappte auch Warsteiner. Mit einer perfekten Premiumstrategie stieg man zum meistverkauften Pilsbier in Deutschland auf. Heute liegt man nur mehr auf Platz drei bei den Premiumbieren hinter Krombacher und Bitburger. Was ist passiert? Warsteiner hat 3-fach den Fokus verloren, nämlich mit zu vielen Produkten, zu vielen Vertriebskanälen und zu vielen Preispromotions. (Welcher Braumeister mixt wirklich ein Premiumbier mit Cola, Orangen- oder Zitronenlimonade, wie bei Warsteiner Premium Cola und Co. geschehen?).

Jetzt ist man dabei, die Marke zu refokussieren, um wieder zur Premiumstrategie zurückzukehren. Dazu muss man aber nicht nur den Fokus wieder auf das einzig echte Warsteiner verengen. Man braucht zusätzlich auch wieder eine motivierende Idee, warum die Kunden das einzig echte Warsteiner anderen Pilsbieren vorziehen sollten. Dies wäre vor einigen Jahren noch viel einfacher gewesen, denn da hätte man sich als „Deutschland's beliebtestes Premiumpils" positionieren können. So ist der Herdentrieb eine starke Kaufmotivation. Nur das geht heute nicht mehr. Jetzt benötigt Warsteiner eine andere effektive Idee. Emotionale Werbung alleine wird nicht reichen.

Auch bei Rolf Benz lautet die Devise jetzt wieder „Zurück zum Fokus". So hieß es im Horizont (Ausgabe vom 11. August 2005): „Rolf Benz kehrt zu den Wurzeln zurück." In diesem Artikel wurde der Marketingleiter so zitiert: „Der Versuch, im mittleren Preissegment mitzumischen, ist gescheitert und hat uns und der Marke nur geschadet."

Die Neuausrichtung spiegelt sich auch im Slogan wider. Statt „Wohnen, wie es am schönsten ist", heißt es jetzt „Architektur des Sitzens". Die Zeiten, in denen in der Werbung neben den traditionellen Designpolstermöbeln auch Couch- und Esstische, Stühle, Schrankmöbel, Leuchten, Teppiche und Accessoires auftauchten, dürfte somit endgültig vorbei sein. Und das ist gut so.

Klingt logisch, funktioniert aber nicht

Dabei klingt es am Anfang immer so logisch: Wir haben einen der bekanntesten und besten Namen in der Branche. Warum sollen wir diesen nicht nutzen, um auch in anderen (verwandten) Bereichen damit zu punkten? Antwort: Weil man so zuerst den Fokus und dann die Position in den Köpfen der Kunden verliert.

Dies passierte auch Compaq. So stieg Compaq, nachdem man als PC- und Laptop-Spezialist Weltmarktführer bei PCs wurde, in den Markt für PC-Drucker und in den Markt für PC-Direktvertrieb ein. Beides scheiterte kläglich, aber es war nichts im Vergleich zur Übernahme von DEC. So verlor Compaq endgültig den Fokus, folglich die Position in den Köpfen der Kunden und endete als schwache Subbrand von Hewlett-Packard. Moral: Die falsche Markenstrategie kann ein Unternehmen killen.

Hier muss man auch extrem vorsichtig sein, wenn die Marke – aus welchen Gründen auch immer – über Nacht modisch wird. Dies passiert zurzeit gerade Puma oder auch Jägermeister. Denn alles, was heute „in" ist, ist morgen hundertprozentig „out". Und was werden Puma und Jägermeister dann tun?

Wie kann man dann aber dauerhaft gesund bzw. fokussiert wachsen? Antwort: in drei Schritten: (1) Wie kann ich fokussiert zum nationalen Marktführer werden? (2) Wie kann ich fokussiert zum internationalen oder globalen Marktführer werden? (3) Wie kann ich mit einem perfekt abgestimmten Multi-Marken-System rund um einen zentralen Fokus einen Markt national und/oder global dominieren?

Früher machte dies die Coca-Cola Company perfekt. So hatte man rund um den zentralen Fokus „Erfrischungsgetränke" die drei führenden Marken in den drei wichtigsten Limonadenkategorien, nämlich Coca-Cola als führende Cola, Fanta als führende Orangenlimonade und Sprite als führende Zitronenlimonade. Diese Erfolgsstrategie sollte Coca-Cola heute fortsetzen, um neue Kategorien mit neuen Marken zu besetzen oder, wie es PepsiCo. zurzeit in den USA macht, zuzukaufen.

Das bedeutet: Zuerst sollte man sicherstellen, dass man die jeweils optimale Markenstrategie für die bestehende Marke oder die bestehenden Marken hat, um so das gesunde Wachstumspotential dieser Marke(n) voll auszuschöpfen. Erst dann sollte man sich ernsthaft Gedanken über Zweit- oder auch Drittmarken machen. So begehen viele den Fehler, dass man sich viel zu früh mit Zweit- und Drittmarken verzettelt. Andere wiederum begehen den Fehler, dass sie viel zu lange damit warten, starke Zweit- und Drittmarken aufzubauen, damit das Unternehmen gesund weiterwachsen kann.

Dabei ist absolut entscheidend, dass das Top-Management, egal ob Vorstand, Geschäftsführer oder Unternehmer, bei der Entwicklung der zukünftigen Unternehmensstrategie ganz klar zwischen Marke(n) und Unternehmen unterscheidet. Damit kommen wir zum 11. und letzten Naturgesetz.

Naturgesetz Nr. 11:
Marke ist nicht gleich Unternehmen

Die schwerwiegendsten Fehler in der Marken- und Unternehmensführung werden gemacht, weil man bei der Strategieentwicklung Unternehmen und Marke(n) in ein Boot wirft. Schlimmer noch: Viele Unternehmensführer sehen Marken als Instrument, um die Wachstumsziele des Unternehmens zu erreichen (siehe auch Naturgesetz Nr. 10). Sie übersehen dabei häufig, dass sie damit gleichzeitig diese Marken und folglich die Erfolgsbasis des Unternehmens zerstören. Der Shareholder-Value hat diese Tendenz leider noch verstärkt.

Der übersehene Kunde

Das wahre Problem dahinter: Markterfolg spielt sich in den Köpfen der Kunden ab. Nur wer im Top-Management beschäftigt sich wirklich ernsthaft mit den Köpfen der Kunden? Und welche der so genannten Top-Management-Beratungs-Firmen beschäftigt sich wirklich ernsthaft mit den Köpfen der Kunden, wenn es um die zukünftige Unternehmensstrategie geht?

Das ist ein extrem wichtiger Punkt, der vielen Top-Managern nicht bewusst wird. Konzepte scheitern so gut wie nie auf dem Strategiepapier im 75. Stock der Firmenzentrale. Sie scheitern 76 Stockwerke tiefer in den Köpfen der potentiellen Kunden. Vieles, was auf dem Hochglanzpapier brillant aussieht, entpuppt sich dann auf der Straße als Desaster, weil bei der Strategieentwicklung alles bedacht wurde, nur nicht das, was in den Köpfen der Kunden passiert.

Das typische Szenario: Der Konzernvorstand legt die Wachstumsziele für die einzelnen Geschäftsbereiche und Divisionen fest. Diese sind dann dazu „verdammt", diese Wachstumsziele zu erreichen. Und in vielen Fällen müssen dann die Marken im Konzern dafür bluten. Dazu sollten wir uns die Geschichte von General Motors in den USA ansehen.

Exkurs General Motors

Als Alfred Sloan 1921 das Unternehmen übernahm, befand sich GM mit 7 Marken in der Krise. Die Ursache: Die Marken waren unklar positioniert. Gleichzeitig befanden sich die USA in einer schweren Rezession. Hier sehen Sie die Marken und die Preispositionierung aus dem Jahr 1921:

- Chevrolet: 795 bis 2075 US$
- Oakland: 1395 bis 2065 US$
- Oldsmobile: 1445 bis 3300 US$
- Scripps-Booth: 1545 bis 2295 US$
- Sheridan: 1685 US$
- Buick: 1795 bis 3295 US$
- Cadillac: 3790 bis 5690 US$

Dazu kam, dass Ford im Gegensatz zu GM auf Kampfpreise setzte. So kostete der Ford Model T 360 US$, der Runabout 395 US$ und die Luxuslimousine von Ford kostete „nur" 795 US$. So hatte damals Ford mit nur einer Marke 50 % Marktanteil, während GM mit 7 Marken nur 12 % besaß.

Was tun? Sloan setzte – bewusst oder unbewusst – bei der Entwicklung seiner Zukunftsstrategie auf Divergenz. Er glaubte fest daran, dass sich der Markt aussegmentieren wird und dass er – langfristig gesehen – jedes Segment mit einer Spezialmarke besser erreichen kann als Ford mit nur einer Marke. So sah dann sein neues Markenschema im Jahr 1921 aus:

Chevrolet:	450 bis 600 US$
Pontiac (vorher Oakland):	600 bis 900 US$
Oldsmobile:	900 bis 1200 US$
Buick:	1200 bis 1700 US$
Cadillac:	1700 bis 2500 US$

Bei GM hieß es intern dazu: Chevrolet ist für den „Pöbel", Pontiac für die Armen, aber Stolzen, Oldsmobile für die Wohlhabenden, aber Diskreten. Buick für die Aufsteiger, Cadillac für die Reichen." Jede Marke hatte so einen klaren Fokus und war folglich klar positioniert. Zehn Jahre später war GM Marktführer mit 31 % Marktanteil vor Ford. Von diesem Zeitpunkt an war das Multi-Marken-System von Sloan nicht mehr aufzuhalten. So lag der Marktanteil von GM in den 50er und 60er Jahren in den USA bei über 50 %.

Wenn man sich aber GM heute ansieht, fühlt man sich stark in das Jahr 1921 vor Sloan's Markenschema zurück-versetzt. Jede Marke, abgesehen von Cadillac (Oldsmobile wurde eingestellt), versucht wieder jeden Kunden mit jedem Modell anzusprechen. Zusätzlich hat man mit der neuge-schaffenen Marke Saturn jetzt neben Chevrolet eine zweite

Einstiegsmarke. Das Ganze wird noch komplizierter, da jetzt die billigen Daewoos auch Chevrolet heißen. So bietet jetzt Chevy alles vom billigen Koreaner bis hin zur teuren Corvette. Bei den anderen Marken sieht es nicht viel besser aus. Kein Wunder, dass General Motors heute massiv in der Krise steckt und Jahr für Jahr Marktanteile verliert.

Wo aber liegen die Ursachen für dieses Desaster? (1) Das Top-Management sah sich mehr im Geldverdienen als im Autogeschäft. So meinte einmal ein Vorstandsvorsitzender von GM: „General Motors macht keine Autos. General Motors macht Geld." Diese Finanz- und Wachstumsorientierung führte dazu, dass jede Marke, um zu wachsen, in (fast) jedes Segment vordrang. (2) Divergenz als treibende Kraft führte dazu, dass immer neue Marktsegmente und Automodelle auftauchten, die wiederum kurzfristig Wachstum für jede Marke versprachen.

Die Folge davon: Jede Marke verlor zuerst ihren Fokus und dann langsam, aber sicher ihre Position in den Köpfen der Kunden. Das wahre Problem der GM-Marken liegt nicht im Schauraum, wo jede Marke versucht, jeden Kundenwunsch zu erfüllen. Das wahre Problem liegt in den Köpfen der Kunden:

Wenn der Kunde an ein billiges Auto denkt, denkt er an einen Koreaner oder an Saturn,
    bei einem zuverlässigen Auto an Toyota,
    bei einem Geländewagen oder SUV an Jeep,
    bei einem Minivan an Chrysler,

bei einem Auto, das Fahrfreude verspricht, an BMW,

bei einem sicheren Auto an Volvo,

bei einem teuren Auto an Lexus,

bei einem prestige-orientierten Auto (noch) an Mercedes,

bei einem Sportwagen an Porsche,

bei einem Truck an GMC

und bei einem amerikanischen Luxusauto an Cadillac oder Ford Lincoln.

Die Marken von General Motors fallen in der Gunst immer weiter zurück, weil man niemanden mehr richtig anspricht. Was sollte GM tun, bevor es zu spät ist? Hier einige unserer Empfehlungen (vgl. dazu auch Ries, Al: How To Reorganize General Motors, AdAge Online, April 11, 2005):

(1) Den Wettbewerb zwischen Saturn und Chevrolet reduzieren, indem man Saturn zu einer koreanischen Marke macht. (So wäre es besser gewesen, Daewoo in Saturn umzutaufen.)

(2) Den Wettbewerb zwischen Chevrolet und Buick reduzieren, indem man die teuren Chevys und die billigen Buicks einstellt.

(3) Corvette zu einer eigenen Marke mit einem eigenen Händlernetz machen.

(4) Pontiac als jugendliche, sportlich orientierte Marke positionieren.

(5) Cadillac wieder als wirklich teures und großes amerikanisches Auto repositionieren, Mindestpreis 50.000 US$

(6) Langfristig gesehen sollte man GMC zur Truckmarke Nr. 1 im Konzern machen. Dazu sollte man aber die Marke umtaufen. GMC ist kein idealer Markenname.

General Motors hat – wie viele andere Großkonzerne in der Krise – in erster Linie kein Reorganisationsproblem. GM hat vor allem und zuerst ein Marken- und Marketingproblem. Und solange dieses Marken- und Marketingproblem nicht gelöst ist, werden alle anderen Maßnahmen zur Reorganisation und Restrukturierung scheitern.

Was für GM vielleicht ein kleiner Trost sein mag, ist, dass auch Ford und DaimlerChrysler mit ähnlichen Problemen kämpfen und in Zukunft noch verstärkt kämpfen werden. So fiel Mercedes im Juli 2005 laut AdvertisingAge-Online-Ausgabe vom 15. August 2005 auf Platz 4 bei Luxusauto zurück, hinter Lexus, BMW und – man höre und staune – hinter Cadillac. Die Ursache dafür: Mercedes ist auch nicht mehr das, was es einmal war. Speziell kleinere Modelle, wie etwa A- und B-Klasse, untergraben das Luxus- und Qualitätsimage.

Aber auch der VW-Konzern muss vorsichtig sein, speziell die Marke VW beginnt, ihren Fokus doppelt zu verlieren, in der Modellpolitik und in der Werbung. So geht die VW-Modellpalette vom VW Fox (unter 10.000 Euro) bis hin zum VW Phaeton (über 100.000 Euro). Gleichzeitig hat man sich vom „zuverlässig"-Fokus in der Kommunikation verabschiedet. Statt „da weiß man, was man hat" oder „und läuft und läuft und läuft ..." heißt es jetzt „Aus Liebe zum Automobil". Man will damit die Marke emotionalisieren, weil man bisher angeblich zu rational aufgeladen war. Während VW so „emotionalisiert", reißt sich Toyota das „rationalere" Konzept „zuverlässig" immer mehr unter den Nagel, und damit u. U. auch die VW-Kunden. Die Zukunft wird es zeigen.

Unternehmens- vs. Markenstärke

Der Denkfehler dahinter: Man verwechselt immer noch schiere Unternehmensgröße mit Markenstärke. Dies traf auch auf den Traum von Brau & Brunnen zu. Mitte der 90er Jahre wurde Brau & Brunnen durch immense Zukäufe zum größten deutschen Braukonzern. Nur diese Nummer-1-Position auf dem Papier war de facto wertlos, weil man außer Jever keine starken Marken im Portfolio hatte. So war der Traum bald ausgeträumt.

Oder nehmen Sie die Deutsche Bank! Als die Direktbank in Deutschland zum Thema wurde, lancierte man die Bank 24, um diesen Markt mit einer Spezialmarke zu bedienen. Der perfekte Weg aus Markensicht! Aber dann verließ die Deutsche Bank anscheinend der Mut. Man gliederte die Bank 24 wieder ein. Kurzfristig hießen dann die Filialen Deutsche Bank 24. Ein Desaster. Heute heißt alles wieder nur Deutsche Bank. Die Bank 24 und die Marktführerposition im Direktbankgeschäft sind mausetot. Dabei könnte heute die Bank 24 Deutschlands Nr. 1 im Internet-Banking sein. So aber machte man den Weg frei für ING-DiBa und Co.

Das Top-Management verteidigt solche Entscheidungen oft mit dem Argument, dass es ja nur die Marke ist, wichtig sei, dass die Leistung stimme. Die Geschichte lehrt das Gegenteil. Die Leistung ist wichtig, aber das falsche Branding kann dies alles zerstören. Diese Erfahrung macht gerade Siemens bei Mobiltelefonen.

Besser machte es die Deutsche Bank bei Fondsgesellschaften. Hier wählte man die richtige Branding- und Positionierungsstrategie. So ist DWS heute die führende Fondsgesellschaft in Deutschland und bringt das mit witzigen Werbespots und dem brillanten Slogan „Geld gehört zur Nr. 1" klar auf den Punkt.

Dies hätte auch Tele 2 in Österreich tun sollen. Kürzlich übernahm Tele 2 den Konkurrenten UTA, um die Lücke zum Marktführer Telekom Austria zu verkleinern. Aber statt auf eine perfekte 2-Marken-Strategie zu setzen, warf man beide Marken in einen Topf als Tele2/UTA. So hat die Telekom Austria heute statt zwei Konkurrenten nur mehr einen. Gut für die Telekom Austria, schlecht für Tele2/UTA.

Wie hätte aber eine perfekte 2-Marken-Strategie ausgesehen? Hier meine Idee: Tele 2 hätte sich als führender Spezialist für Privatkunden und UTA als führender Spezialist für Unternehmenskunden positionieren sollen. Beide Marken hätten so einen klaren Fokus für die Zukunft etabliert und die Telekom Austria in die Zange genommen. Man hätte so das Prinzip der Divergenz perfekt genutzt. Nur diese Gelegenheit wurde versäumt. Denselben Fehler macht zurzeit, wie es aussieht, T-Mobile mit der Übernahme von Telering in Österreich.

Aber es kann noch schlimmer kommen, nämlich dann, wenn das Top-Management vor der Entscheidung steht, ob man das Unternehmen oder die Marke retten sollte. Diese Situation erlebt, wie bereits ausführlich im Naturgesetz Nr. 6

beschrieben, gerade Kodak. Und Kodaks einzige Chance ist, eine neue Marke bei Digitalkameras zu bauen, bevor es jemand anderer tut.

Und auch Motorola hätte bei Mobiltelefonen rechtzeitig auf eine zweite eigenständige Marke setzen sollen: Damals, als man in den 80er und 90er Jahren noch Marktführer war, hatte man ein Erfolgsmodell mit einem perfekten Modellnamen, nämlich Startac. Diesen Namen hätte man nutzen sollen, um die erste echte Nur-Handymarke aufzubauen, um diese dann als „Startac: The world leader in mobile phones" zu positionieren. Dann wäre heute wahrscheinlich Startac das Echte und Wahre bei Handys und Motorola hätte eine starke Handymarke im Konzern.

Zwischen Unternehmen und Marke(n) unterscheiden

Das zeigt: Sie müssen in Strategiemeetings klar zwischen Unternehmen und Marke(n) unterscheiden. Viele strategische Fehlentscheidungen passieren, weil man Unternehmen und Marke(n) in einen Topf wirft. Das heißt aber auch: Markenführung ist absolute Top-Management-Aufgabe. Niemand außer dem CEO kann bei Kodak die Entscheidung treffen, dass man eine neue Marke nur für Digitalkameras einführt. Nur der CEO hätte bei Motorola entscheiden können, dass der Modellname Startac zum eigenständigen Markennamen wird.

Nur der CEO hätte bei Hewlett-Packard entscheiden können, dass eine „alles unter einer Marke"-Strategie nicht funktionieren kann. Nur bei HP ist man – auch nach dem Abgang von Carla Fiorina – immer noch der Meinung, dass es nicht an der Strategie, sondern an der Umsetzung liegt. Dabei könnte Hewlett-Packard heute aus drei Weltmarktführern bestehen, nämlich bei Druckern unter HP, bei Notebooks unter Compaq und bei offenen Systemen unter einem neuen Namen. So hat man zwar jetzt die Printerdivision wieder von der PC-Division getrennt, aber den entscheidenden Schritt, nämlich auf eine Zwei-Marken-Strategie in diesem Bereich zu setzen, hat man – aus Markensicht – leider unterlassen. Dabei hätte man mit Compaq den idealen Namen bereits im Haus.

Implikationen für eine zukunftsorientierte Marken- und Unternehmensführung

Markenführung ist ein mentaler Kampf um die Gunst der Kunden, der über die Zukunft von Unternehmen entscheidet. Und es sind zwei treibende Kräfte, die diesen Kampf maßgeblich beeinflussen, Divergenz und Evolution. Divergenz ist die Kraft, die Ihnen hilft, mit neuen Ideen neue starke Marken zu bauen. Evolution ist die Kraft, die Ihnen hilft, bestehende Ideen und Marken wichtiger und damit erfolgreicher zu machen. Divergenz ist aber auch die Kraft, die Märkte maßgeblich verändert und so zur großen Gefahr für bestehende Marken werden kann.

Wie gehen Sie mit diesen Kräften um? Wofür steht Ihre Marke in den Köpfen der Kunden? Was ist die Essenz Ihrer Marken- und Marketingstrategie? Und welche Fragen stehen bei Ihren Strategie- und Marketingmeetings im Mittelpunkt? Geht es um bessere Produkte, bessere Werbekampagnen und besseren Vertrieb? Oder geht es um die Frage der Fragen, nämlich: „Mit welcher ersten Idee kann ich den Markt zu meinen Gunsten teilen, um dann den ausgewählten Teilmarkt zu dominieren?"

Wenn Sie diese Zeilen angeregt haben, über Ihre Marke(n) nachzudenken, dann sollten Sie in folgenden 5 Schritten vorgehen:

(1) Den Wettbewerbskontext in den Köpfen der Kunden kennen:

Wo steht die Marke heute im Wettbewerbskontext in den Köpfen der Kunden? Welche Positionen besitzen die Konkurrenten? Welche Position besitzt die eigene Marke? Ist man Marktführer, Herausforderer oder Mitläufer? Wie wirken die treibenden Kräfte (Evolution, Divergenz) auf den eigenen Markt und die eigene Marke? Wie war die bisherige Entwicklung? Welche Rückschlüsse lassen sich daraus für die Zukunft ableiten? Sind diese Entwicklungen Chance oder Bedrohung für die eigene Marke?

(2) Den Fokus der Marke definieren:

Wo sollte der zukünftige Fokus der eigenen Marke liegen? Welches Wort soll man im Kopf der Kunden dauerhaft besetzen? Welchen Markt will man so dauerhaft dominieren? Soll man die derzeitige Position beibehalten? Soll man die Marke repositionieren? Soll man eine zweite Marke aufbauen? Hier geht es vor allem um Marktdominanz. Mit welcher Idee will man welchen Markt dauerhaft dominieren?

(3) Die Kaufmotivation aus dem Fokus ableiten:

Ein Markenfokus alleine ist nicht ausreichend. Es gilt auch den dazu passenden Nutzen zu finden. Der Markenfokus von der Dr. Best ist „nachgebend". Der Nutzen, der sich daraus ableitet, heißt „besser für Zahnfleisch und Zähne".

(4) Den Fokus intern umsetzen:

Es genügt nicht, den Fokus festzulegen. Man muss ihn auch Tag für Tag im Unternehmen leben. BMW steht für Fahrfreude. Dies spiegelt sich, in (fast) allem wider, was BMW tut, von der F&E über die Modellpolitik bis hin zur Werbung. Das heißt: Sie müssen zuerst die internen Voraussetzungen schaffen, bevor Sie diesen Fokus nach außen aktiv kommunizieren können.

(5) Den Fokus auf Kosten der Konkurrenz in den Köpfen der Kunden positionieren:

Dazu benötigen Sie das richtige Positionierungsprogramm, um den Fokus im Kopf der Kunden vor allem mit PR und dann Werbung zu etablieren, denn nur und nur dort wird entschieden, was, wann, wo und wie oft gekauft wird. Nirgendwo sonst!

Dies zeigt klar, dass Branding im wahrsten Sinne des Wortes mehr ist als nur „Markenkosmetik". Es geht weder um den nächsten „geilen" Slogan noch um die nächste „geile" Werbekampagne. Es geht um die Zukunft der eigenen Marke(n) und folglich um die Zukunft des eigenen Unternehmens, um das Wohl der Anteilseigner, um die Zukunft von Arbeitsplätzen und um die Zukunft von Volkswirtschaften. Nur wer Branding als strategisches Top-Management-Konzept versteht, anwendet und lebt, wird in Zukunft dauerhaft erfolgreich am Markt bestehen können. *Mögen die besseren Strategen gewinnen!*

Verwendete und weiterführende Literatur:

Brandtner, Michael: Branding by Darwin: Entdecken Sie die Naturgesetze der Markenführung ..., in Transfer Werbeforschung & Praxis, 4/2004

Brandtner, Michael: Branding by Darwin: Was Marketing von der Natur lernen kann, in Absatzwirtschaft 8/2004

Brandtner, Michael: Branding: Die 6 Königswege zur Markenpositionierung, in WING-Business 1/2005

Brandtner, Michael: Branding: So baut man starke Marken ..., in Marketing-Journal 5/2001

Brandtner, Michael: Das Bauchgefühl entscheidet, in Campus 02 Business Report 3/2003

Brandtner, Michael: Die Essenz der Marke, in Campus 02 Business Report 2/2005

Brandtner, Michael: Die Naturgesetze der Markenführung, in Campus 02 Business Report 2/2004

Brandtner, Michael: Die 7 Schlüssel zur Markenpositionierung, in Campus 02 Business Report 2/2002

Brandtner, Michael: Gegen jede Chance, in Horizont 19/2005

Brandtner, Michael: Krieg der Marken, in Manager-Magazin 6/1999

Brandtner, Michael: Marken ohne Focus ..., in Marketing-Journal 3/1997

Brandtner, Michael: Vom Anonym zum Synonym, in Absatzwirtschaft, Sondernummer 1994

Cialdini, Robert B.: Die Psychologie des Überzeugens, Hans Huber 1997

Cialdini, Robert B.: Influence: Science and Practice, Allyn and Bacon 2001

Drucker, Peter: Die Praxis des Managements, Econ 1956

Esch, Rudolf: Strategie und Technik der Markenführung, Vahlen 2003

Kinni, Theodore B. und Al Ries: Future Focus, Capstone 2000

Mayr, Ernst: Das ist Evolution, 2. Auflage, GEO Bertelsmann, 2003

Ries, Al: Focus: The Future of Your Company Depends on It, HarperBusiness 1996, 2005

Ries, Al: The fundamental law of branding, WING-Business 1/2005

Ries, Al und Laura Ries: Die Entstehung der Marken, Redline Wirtschaft, 2005

Ries, Al und Laura Ries: The Origin of Brands, HarperBusiness 2004

Ries, Al und Laura Ries: The 22 Immutable Laws of Branding, HarperBusiness 2002

Ries, Al und Jack Trout: Positioning: The Battle for Your Mind, The 20th Anniversary Edition, Mc Graw-Hill, 1981, 2001

Ries, Al und Jack Trout: Marketing Warfare, Updated & Annotated Edition, Mc Graw-Hill 1985, 2005

Ries, Al und Jack Trout: The 22 Immutable Laws of Marketing, HarperBusiness 1993

Riesenbeck, Hajo und Jesko Perry: Mega-Macht-Marke, Redline Wirtschaft 2004

Schwartz, Barry: The Paradox of Choice: Why Less is More, Harper 2004

Simon, Heinz-Joachim: Die 20 Todsünden der Markenführung, Westkreuz-Verlag 2005

Simon, Hermann: Die geheimen Weltmarktführer, Campus 1996

Simon, Hermann: Think!, Campus 2004

Websites:

www.markenlexikon.com

Markenstratege Michael Brandtner ist der Spezialist für strategische Marken- und Unternehmenspositionierung in Rohrbach Oberösterreich und Associate of Ries & Ries.

Zu seinen Klienten zählen nationale und internationale Marken und Unternehmen. Daneben ist er gefragter Vortragender und Autor dutzender Fachartikel und der Schrift „Die 7 Schlüssel zur Markenpositionierung", erhältlich unter www.michaelbrandtner.com.